SHANGHAI ±500kV NANQIAO HUANLIUZHAN
SHEBEI GAIZAO GONGCHENG CHUANGXIN SHIJIAN

上海±500kV南桥换流站设备改造工程创新实践

华东送变电工程有限公司　编

中国电力出版社
CHINA ELECTRIC POWER PRESS

图书在版编目（CIP）数据

上海±500kV南桥换流站设备改造工程创新实践 / 华
东送变电工程有限公司编. -- 北京：中国电力出版社，
2024．12．-- ISBN 978-7-5198-9506-8

Ⅰ．TM63

中国国家版本馆CIP数据核字第2024619DT6号

出版发行：中国电力出版社
地　　址：北京市东城区北京站西街 19 号（邮政编码 100005）
网　　址：http://www.cepp.sgcc.com.cn
责任编辑：周秋慧　袁博洋
责任校对：黄　蓓　马　宁
装帧设计：郝晓燕
责任印制：石　雷

印　　刷：廊坊市文峰档案印务有限公司
版　　次：2024 年 12 月第一版
印　　次：2024 年 12 月北京第一次印刷
开　　本：710 毫米×1000 毫米　16 开本
印　　张：12.5
字　　数：218 千字
定　　价：80.00 元

编 委 会

前　　言

在电力能源的长河中，每一座换流站都是连接能源输送与需求的桥梁，它们不仅承载着电流与电压的转换，更承载着技术创新与时代进步的梦想。上海±500kV 南桥换流站，作为中国首条±500kV 直流输电线路葛南直流的受端，自其诞生之日起，便以其独特的地位和历史使命，见证了我国电力工业从无到有、从弱到强的辉煌历程。

岁月悠悠，三十三载风雨兼程，南桥换流站虽历经多次技术改造，但仍面临设备老化、运行不稳等挑战，这不仅是技术层面的考验，更是对电力人智慧与勇气的呼唤。于是，一场旨在让这座老站焕发新生的设备改造工程应运而生，它不仅是设备层面的"焕新"，更是技术与管理创新的深刻实践。

尤为值得一提的是，本次改造工程中换流阀整体更换为"中国心"，这不仅标志着我国在高压直流输电技术领域的一次重大突破，更是向世界展示了中国电力工业的创新实力与自信。在国内外无先例可循的情况下，华东送变电工程有限公司凭借其深厚的技术底蕴和不懈的探索精神，成功实现了从"0"到"1"的飞跃，为国内外同类工程提供了宝贵的经验与参考。

《上海±500kV 南桥换流站设备改造工程创新实践》一书，记录了 2022 年 9 月至 2023 年 6 月改造工程所经历的三个阶段，每一个细节都凝聚着华东送变电工程有限公司项目团队的心血与汗水。在工程技术层面，本书深入剖析了进度管理、工序配合、安全管控、质量提升等多个维度的实践与创新。每一个环节的优化与改进，都是对"精益求精"精神的最好诠释。在管理创新方面，更是展现出了华东送变电工程有限公司卓越的组织能力与应变能力，通过科学的项目组织、严谨的前期勘察、精细的施工图设计、严格的试验验证以及高效的施工过程管理，确保了改造工程的顺利进行与圆满完成。

本书不仅是对过去辛勤付出的总结与回顾，更是对未来电力工业高质量发展的展望与启迪。只有不断创新、勇于探索，才能在电力技术的征途中不断前行；只有精细管理、严谨务实，才能确保每一项工程的安全与质量。

在此，衷心希望本书的出版能够为广大电力工作者提供有益的借鉴与启示，共同推动我国电力工业向着更加安全、高效、智能的方向发展。同时，也期待在未来的日子里，我们能够见证更多像南桥换流站这样的"焕新"工程，共同书写中国电力工业的新篇章。

编　者

2024 年 10 月

目 录

第一部分　高质量建设

党建联建，筑牢南桥改造项目坚强堡垒

摘要： 作为一项具有重要意义的工程，南桥换流站的建设利用了全球首创的可控换相换流阀技术，推动了电网绿色、低碳转型升级，为上海提供可靠、充足的清洁能源支持。党建在南桥换流站改造工程建设中发挥了关键作用，通过党建联建、凝心聚力等方式，加强了组织建设、安全生产和人才培养，提升了工程建设的质量和效率，特别突出的是在堡垒筑牢、凝心聚力、联学增智、强根铸魂等方面的创新做法和成果。工程不仅为未来超高压、特高压直流改造工程提供了重要借鉴，也打造了一支老中青结合的人才队伍，为公司未来重大项目的党建工作提供了可复制的模式。公司党委将在其他项目中推广该工程的党建模式，助力电力企业发展，最大化发挥党建工作的政治、经济和社会价值。

（一）实施背景

2023 年 6 月 18 日，上海±500kV 南桥换流站设备改造工程正式竣工投产，来自葛洲坝的清洁水电源源不断地汇入上海电网，将为迎峰度夏提供更为可靠、充沛的外来清洁能源。工程采用了全球首创并具有完全自主知识产权的可控换相换流阀（CLCC）技术，让这座曾经的"洋变电站"华丽转身为一张"中国高端制造"名片，进一步推动电网绿色、低碳转型升级，为上海经济发展持续提供"绿色"支撑。

作为国内首条±500kV 直流输电线路葛南直流的受端，南桥换流站是国内首个迎来核心改造的±500kV 换流站。华东送变电工程有限公司作为施工单位，面临前所未有的挑战，并且缺乏可以借鉴的成功经验，同时改造时间紧、作业风险高、施工范围受限，可谓"螺蛳壳里做道场"。

为保证工程平稳、安全、有序推进，公司坚持党建引领，把支部建在项目上，以筑牢堡垒、凝心聚力、联学增智、强根铸魂、闪耀"明灯"推动项目安全高效完工。

（二）目标

通过党建联建，加强党的组织建设、理论武装、作风建设，确保党始终保持先进性、纯洁性，充分发挥党在工程建设方面的有效领导作用，保障工程进度的顺利实施。

（三）总体情况

筑牢红色堡垒，凝聚"向心力"，把政治堡垒建在业务阵地上，打造标杆党支部，通过党建共建、两级联创强化工作协同，以强有力的组织建设保障南桥换流站平稳有序，让党旗在一线高高飘扬，充分发挥党员的先锋模范作用。以"功成不必在我"的精神境界和"功成必定有我"的历史担当，充分发扬新时代电网铁军精神，砥砺奋进、与时俱进，以实干成绩确保本次改造工程顺利完工，以奋进新征程的状态和苦干实干的行动，助力"双碳"目标。

（四）创新成果及亮点

1. 筑牢堡垒

华东送变电工程有限公司党委夯实基层党组织建设，在南桥换流站成立项目临时党支部。临时党支部通过组织引领、思想引导、团结凝聚、党风廉政建设以及宣传教育等方面，充分发挥支部战斗堡垒作用和党员先锋模范带头作用。曾参建欣古换流站、虞城换流站等多个重点工程的鄢少彪、金磊等经验丰富的5名中层党员干部常驻现场287日，精心组织、优化施工，筑牢党建堡垒。

2. 凝心聚力

华东送变电工程有限公司党委积极推行"党建+安全"模式，通过三会一课、主题党日等开展安全生产十五条措施、国家电网有限公司安全生产典型违章50条学习，以案说法、交流探讨。此外还有先进典型进行授课，"上海工匠"汪强讲述微党课，青年党员金磊与团员青年分享心得感悟，讲述先进事迹、传递劳模工匠精神。项目部上下凝心聚力，人人关注安全、保障安全，极大促进项目安全进行。

3. 联学增智

2022年9月国网上海市电力公司党建部与华东送变电工程有限公司党委、国网上海超高压公司超高压公司党委进行了三方联学。同时华东送变电工程有限公司党委与超高压公司党委签订了党建联建协议，华东送变电工程有限公司变电分公司党支部与超高压公司特高压交直流运检中心党总支签订了支部共建协议。华东送变电工程有限公司与超高压公司党委在南桥换流站现场共同收听收看党的二十大开幕盛会、学习党的二十大报告，邀请"上海工匠"汪强现场讲授微党课。通过多次的党建联建活动，华东送变电工程有限公司与超高压公司在服务换流站改造工程高质量建设、服务支撑上海电力系统安全稳定运行、服务跨单位电网资产高效运营等方面实现资源共享、优势互补、共同提升，把党建优势转化为业务发展的"红色引擎"。

4. 强根铸魂

华东送变电工程有限公司强化"党管人才、党育人才"的机制，结合技能树培训，加速技能型人才的培养，加强人员练兵，利用好"老法师"的宝贵资源，不断提升人员技术水平。在南桥换流站改造项目过程中，3 名新进大学生常驻现场，经风雨、壮筋骨，出色完成工作的同时个人综合能力获得极大提升。华东送变电工程有限公司形成了"以项目培养队伍，以队伍保障安全质量"的良性循环，人才培育和工程建设持续同频共振。

（五）解析点评

±500kV 南桥换流站改造工程，为未来超高压、特高压直流改造工程提供了重要借鉴，党建引领作用精准发挥下所形成的施工总承包经验和工程育人经验，也将成为可推广、可复制的工作模式。改造工程中也打造出以汪强为首的"老中青"人才梯队，进一步夯实了重点项目建设的储备力量。

华东送变电工程有限公司党委将在其他重大项目中推广使用南桥换流站的党建工作模式，深化党建价值创造和工程建设的双融双促，把党建优势转化为基建工作优势，借助重点工程出标准、出人才，助力上海电网稳定运行和新型电力系统建设，切实彰显电力企业的政治价值、经济价值、社会价值、品牌价值和信仰价值。

精心组织，改造工程多条
"战线"协同作战

摘要：南桥改造涉及区域广、单位多、技术难、工期紧和专业杂等多特点，华东送变电工程有限公司作为总包单位站得高，望得远，有效协调各单位紧锣密鼓的进场施工。项目部针对每个作业面通过开展专项协调会、加强各专业之间的配合、科学合理把握施工工序、制定详细的进度计划等举措，确保了改造工程按期高效完成。本次南桥改造施工为后续老站改造形成了固化的可复制的施工经验。

（一）实施背景

南桥换流站本次项目改造规模涉及站区中央阀厅、换流变压器区域、直流场区域、交流滤波器区域、主控楼。主要对阀厅区域内换流阀、极线穿墙套管、阀内外水冷设备、阀厅暖通设备，控制楼内的直流控制保护系统及通信系统等进行整体更换改造；换流变压器区域配合阀厅改造，换流变压器不进行更换；对交流滤波器场、直流场区域内部分设备进行更换改造。根据整体施工安排，本次改造分三个阶段施工，不停电作业阶段从 2022 年 9 月至 11 月，极 1 停电阶段从 2022 年 11 月至 2023 年 2 月，双极停电阶段从 2023 年 2 月至 6 月。

（二）目标

本次改造涉及电气一次、电气二次、消防、暖通、土建、钢结构等诸多专业，改造施工管理协调难度较高。自 2022 年 9 月 13 日入场开展不停电施工，项目部一边组织新建电缆沟施工，一边组织开展前期勘察，理清各工作面的改造内容。

比如换流变压器牵引前的拆除就涉及电气一次设备拆除、二次电缆拆除、消防管道拆除、阀厅内墙板拆除、封堵拆除等多专业、多项工作配合作业。工序如何安排？如何衔接？如何做到减少交叉作业？诸如这样多工种配合的工作等，项目部针对每个作业面开展专项协调会，加强各专业之间的配合，把握好工序安排，制定了详细的进度计划，确保了按期完成工作。通过本次南桥改造施工为后续老站改造形成固化的可复制的施工经验。

（三）总体情况

±500kV 南桥换流站现场，依然沿用着李文担任项目经理时开创的区域负责制模式，华东送变电工程有限公司现场技术管理人员将从事各类变电站建设经验薪火相传。现场被划分为阀厅、直流场、交流滤波场、二次等区块，每块区域均安排实操经验丰富的老师傅具体负责，并配备相应的区域安全员，与分包人员同进同出，负责协调厂家、运行人员和物资车辆，全方位全过程不间断现场"盯管跟"，把控安全、质量和进度。

华东送变电工程有限公司上下高度重视，始终将其作为"头号工程"，第一时间成立了由两位主要领导担任组长的领导小组，负责改造工程的组织领导、重大问题决策、监督和对外协调工作。在公司历史上首次出现由执行董事朱玉林、总经理马骏两位主要领导及相关分管领导参加的单个工程协调月度例会，由分管领导万炳才担任组长的工作小组，全面负责改造工程的技术、工程、安全、质量、进度管理工作的组织、推进和协调。由汪强、李文、张瑞强等电气一次、电气二次、钢结构、水工等专业领域专家组成的专家小组，参与前期的规划，方案编制审核，为改造工作提供技术支撑和咨询服务，协助解决改造中遇到的专业技术问题，从 2021 年 8 月开始，公司就指派变电专业汪强、建筑专业高明参加整个项目的前期策划。项目实施阶段，公司任命两名中层干部承担项目管理任务，鄢少彪任项目经理，金磊任副经理兼项目总工。开工后，公司主要领导和分管领导每周平均 3～4 次到现场协调各专业及公司职能部门资源调配，解决现场实际困难。

（四）创新成果及亮点

通过变换工序来压缩时间，化被动为主动。考虑±500kV 南桥换流站老站改造的特殊性，需因地制宜针对性的制定施工步骤。如果说一次安装为 1 步骤，二次安装为 2 步骤，调试为 3 步骤，常规做法是 1、2 并行，再开展 3 工作，但按照此顺序来，工程显然无法准时投运。在户外一次设备还未吊装就位，户外端子箱基础还未浇筑、端子箱还未立的情况下，施工项目部便先抢通主电缆沟，进行二次接线，让技术人员提前查回路、对线，为后续调试工作节约时间，让原本不可能按时完成的工作可以提前十余日完工。

由于工期紧张，暖通施工和直流滤波器都不能停工，但直流滤波器场地开挖后，暖通机组吊车就无法站位。项目部通过组织人员重新勘察现场，采用钢板铺路的方式为暖通施工开辟一条新通道，在最短时间内解决了施工交叉问题。

在拆卸封堵和移运换流变压器过程中，施工项目部调整前后工序、缩短衔接时间。由于阀厅墙体需要重新加固，换流变压器要从原来的工作位置先牵引至换流变压器广场，待墙体加固完之后再推回。换流变压器牵引前需要先拆除防火封堵板，然后才能牵引。项目部将以往的"拆三相后移三相"优化为"拆一相就移一相"，改变以往三台封堵全部拆完再移运换流变压器的工序，安排拆除班组和牵引班组无缝衔接：当封堵班组拆完 C 相时牵引班组就可以进行 C 相的牵引工作；封堵班组继续进行 B 相、A 相的封堵拆除工作。不用等三相全部拆完后再进行牵引，从而使得计划需要三天完成的二级风险任务只用一天完成。

在阀厅施工过程中，施工项目部利用空间换时间，在同一空间内利用高度差，组织同步进行阀塔的拆除工作和阀厅钢结构加固作业。以满足安全要求为前提，阀塔拆除使用登高车，阀厅钢结构加固采用盘扣脚手架搭设工作平台方式，两项作业相互不影响。不但减少了机械交叉作业，还增加了作业面的数量，有效缩短施工工期。

相比第一阶段极 1 停电改造时，2023 年 2 月极 1、极 2 同时停电所完成的改造工作在效率上大大提高，换流变压器牵引、换流阀拆除、钢结构加固等施工工作分别提前了 2、4、20 天，为后续设备安装暖通系统调试赢得了宝贵的时间，确保满足阀塔安装对阀厅内温湿度、微正压的要求。

无经验可循时，需结合谨慎讨论实施方案，多次开展全面勘察。换流阀设备的拆除在全国尚属首次，此前并无相关经验借鉴。在开工前施工项目部积极组织技术团队，邀请技术人员、现场工作负责人一同讨论研究，在相关资料缺失的情况下初步排定了拆除工序及方法。在停电后，团队对换流阀设备进行了全面勘察，发现只有在完整保留框架的情况下拆除设备是最方便的。在没有吊装平台的情况下，反复确认寻找最合适的吊点，在正式拆除前选取每层换流阀组件托梁进行试吊，确保吊装工作安全进行。在最后拆除阀塔顶部过渡框架过程中，将吊带更换为更为耐磨的钢丝绳，并对吊点处增加保护措施，有效避免了因吊带微小缺口被上方阀吊梁磨损绷断的情况，最终顺利完成换流阀设备全部拆除工作。安装阶段，利用 4 根吊装在阀厅钢梁上的吊杆并通过特制螺旋扣与钢盘吊座连接，从而保证安装过程不会出现应力集中现象，降低施工风险。

历经多次改造，±500kV 南桥换流站的电缆沟里已经盈箱溢篚，难以容纳改造所需敷设的新电缆。而且部分旧电缆在内，已经非常脆弱，直接铺设新电缆势必造成安全隐患。施工项目部经过几场专项会议，革故鼎新，在老旧电缆沟边，再开一个新电缆沟，这样做不仅能够确保老电缆的运行安全，还能降低后续施工难度，为后续交流滤波场设备安装奠定了良好基础。

在春节期间，公司制定了春节期间人员安排，特别是安排项目部管理人员及关键工作施工人员在沪过年，一方面确保2月1日复工后关键路径得以顺利实施，另一方面总结单极停电期间施工经验，合理优化施工工序，于单极停电相比换流变压器牵引、换流阀拆除、钢结构加固等施工工作，分别提前了2、4、20天，为南桥换流站改造关键路径施工赢得工期。

（五）解析点评

在南桥换流站改造中，项目部找准关键路径、抓住主要矛盾，为后续老站翻新推进项目、多单位协调策划提供了思路借鉴。

阀厅 CLCC 混合型换流阀的高难度安装

摘要： ±500kV 南桥换流站改造工程根据设备状态和寿命周期，对阀厅区域内换流阀、极线穿墙套管、阀内外冷设备、阀厅空调，控制楼内的直流控制保护系统及通信系统等进行整体更换改造。同时，结合设备改造，对两幢阀厅、两幢喷淋水泵房等进行相应的结构加固改造、建筑局部翻新等。本次阀厅施工中应用的 CLCC 混合型换流阀，与传统换相换流器（LCC）换流阀相比，多了一个旁路回路，具备可控关断能力，能够有效解决常规直流输电中逆变器换相失败的问题，进一步验证 CLCC 混合型换流阀具备有效抵御换相失败的功能。

（一）实施背景

葛洲坝—南桥直流输电工程是我国第一条 ±500kV 直流输电工程，运行已达 33 年，部分设备已出现不同程度的老化，严重威胁葛南直流系统持续安全运行，相关设备亟需进行整体改造。本次 ±500kV 南桥换流站设备改造项目规模涉及站区中央阀厅、控制楼、换流变压器区域、交流滤波器区域、直流滤波器区域。

阀厅施工主要对阀厅区域内换流阀、极线穿墙套管、阀内外冷设备、阀厅空调，控制楼内的直流控制保护系统及通信系统等进行整体更换改造，同时，结合设备改造，对两幢阀厅、两幢喷淋水泵房等进行相应的结构加固改造、建筑局部翻新等。

（二）目标

南桥换流站投运至今历经 3 次大型改造和 10 次小型改造，但仍有部分设备老化，急需对部分老旧设备进行整体改造，以保障葛南直流安全稳定运行。本次设备综合改造将根据设备状态和寿命周期，对换流阀、阀控设备、阀冷设备、阀厅空调、直流控制保护系统等进行整体或局部更换。

本次阀厅施工中应用的 CLCC 混合型换流阀，与传统换相换流器（LCC）

换流阀相比，多了一个旁路回路，具备可控关断能力，能够有效解决常规直流输电中逆变器换相失败的问题。在正常运行期间，CLCC 混合型换流阀的外特性与 LCC 换流阀完全相同，不会改变换流器无功、交直流谐波、绝缘、过负荷等任何特性，适用于对原有直流系统进行改造。该工程对 CLCC 混合型换流阀的应用，能够进一步验证 CLCC 混合型换流阀具备抵御换相失败的功能，为后续在其他直流工程中推广应用 CLCC 混合型换流阀打下基础。

（三）总体情况

在国网设备部的统一部署下，华东送变电工程有限公司会同国网上海超高压公司和建设单位反复论证施工方案，在新阀安装前作了充分的准备。采取分阶段对阀厅进行加固，并通过建筑结构专家验证，确保满足新换流阀安装及运行要求。此外，在极 1 阀厅布置 106 个钢结构应力监测、17 个倾斜监测点和 10 个沉降监测点，用来收集整个施工过程中形变数据，为今后其他老旧换流站改造提供阀厅结构寿命方面的理论依据，同时可实现设备投运后对整个阀厅进行全过程状态监测。

施工项目部谨慎讨论实施方案，多次开展全面勘察。换流阀设备的拆除在全国尚属首次，此前并无相关经验借鉴。在开工前施工项目部积极组织技术团队，邀请技术人员、现场工作负责人一同讨论研究，在相关资料缺失的情况下初步排定了拆除工序及方法。

设备停电后，项目部对换流阀设备进行了全面勘察，发现只有在完整保留框架的情况下拆除设备是最方便的。在没有吊装平台的情况下，反复确认寻找最合适的吊点，在正式拆除前选取每层换流阀组件托梁进行试吊，确保吊装工作安全进行。在最后拆除阀塔顶部过渡框架过程中，将吊带更换为更耐磨的钢丝绳，并对吊点处增加保护措施，有效避免了因吊带微小缺口被上方阀吊梁磨损绷断的情况，最终顺利完成换流阀设备全部拆除工作。安装阶段，项目部"老法师"提出利用 4 根吊装在阀厅钢梁上的吊杆，并通过特制螺旋扣与钢盘吊座连接，从而保证安装过程不会出现应力集中现象，降低施工风险。

为确保 CLCC 混合型换流阀顺利在南桥换流站"安家落户"，华东送变电工程有限公司会同超高压公司提前对阀厅的"骨骼"，也就是钢结构进行了专业加固，并在每个阀厅内布置了 133 个在线监测点，让变电站运维人员可以实时掌握吊装换流站"心脏"过程中"骨骼"的健康情况。

而在换流阀安装工艺方面则是创新出多项举措。采用升降平台车将换流阀模块整体升至对应安装高度的方式，更有利于操作人员施工，提升作业效率；

利用 4 根吊装在阀厅钢梁上的吊杆，并通过特制螺旋扣与钢盘吊座连接，从而保证安装过程不会出现应力集中现象，降低施工风险。

作为此次南桥换流站阀厅施工工程中施工难度最高的环节，CLCC 混合型换流阀的安装工作从 2023 年 2 月初开始，历时近两个月。相比原先的传统换流阀，CLCC 混合型换流阀的每个桥臂都由主支路和辅助支路并联构成，主支路由常规晶闸管阀串联低压大电流 IGBT 阀构成，辅助支路由高压 IGBT 阀和高压晶闸管阀串联构成。传统换流阀当发生交流侧故障时，桥臂电流不能完成自然换相，而 CLCC 混合型换流阀可通过辅助支路高压 IGBT 阀的可控关断来辅助完成桥臂间换相，大大降低了换流阀闭锁的可能。如果把换流阀比作直流换流站的"心脏"，CLCC 混合型换流阀就好比在心脏上另外架设了一根辅助主动脉血液流动的支路，当主动脉出现异常时，可以通过辅助支路来确保血液的正常输送，避免了换流站的"心脏骤停"。

（四）创新成果及亮点

阀塔钢盘由 4 根吊杆吊装在阀厅钢梁上（见图 1-3-1），吊杆通过特制螺旋扣与钢盘吊座连接。钢盘安装后使用激光水平仪对钢盘调水平，特制螺旋扣长度方向有 100mm 调节量，可用来弥补旧阀厅改造钢梁测绘的偏差。特制螺旋扣作为衔接吊杆和钢盘的关键部件，两端安装孔成 90°设置，保证 X 轴、Y 轴方向均可轻微摆动一定角度，使后续安装过程不会出现应力集中现象。

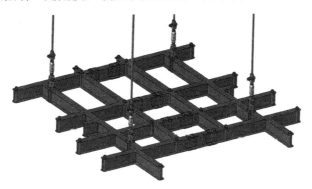

图 1-3-1　阀塔钢盘由 4 根吊杆吊装在阀厅钢梁上

阀塔间每层模块下面安装一层检修梯（见图 1-3-2），维修人员可以从阀塔最下一层检修梯上到阀塔顶部，方便模块安装和检修。

阀塔模块采用升降平台车安装（见图 1-3-3），平台车可同时放置整层模块（主支路、辅助支路左，辅助支路右），可以一次安装一层模块，方便操作人员施工，提高工作效率。平台车外形尺寸 7500mm×7500mm×1860mm，主梁上设计 4 个吊点，可由 4 个 5t 电动葫芦联动升降。吊点位置考虑了设备整体受力和模块重心分布，保证升降过程和安装过程中平台车保持平稳。平台车底部安装 8 个万象轮，升降车可以在地面平移，方便模块装卸。平台车地面在称重梁上平铺实木板，人员安装阀塔时有一个平稳的操作平台。

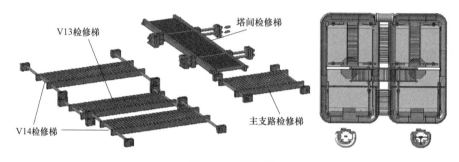

图 1-3-2　检修梯

主支路阀模块和辅助支路阀模块都有专用的吊装工安装（见图 1-3-4），在吊装过程中模块不会变形、吊带不会挤压模块内部器件。

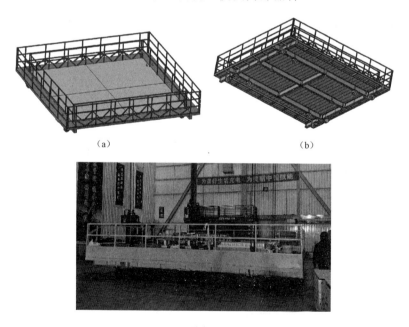

（a）　　　　　　　　　　　（b）

（c）

图 1-3-3　升降平台车

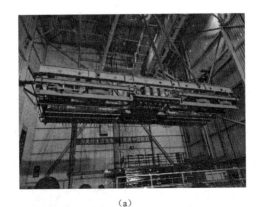

（a）

（b）　　　　　　　　　　　（c）

图 1-3-4　主支路阀模块和辅助支路阀模块吊装

设计模块转运车，方便模块在阀厅内部转运。无需改造原有阀厅屋架安装行吊。阀塔模块在正式进入阀厅前，它还得"洗个澡"。施工人员打开干燥空气发生器，手中的风管吹出了洁净、干燥的强风。在接受了持续 2min 的风淋后，阀塔模块被放到转运车上，由叉车推着进入阀厅。其他模块也要接受同样的清洁流程。定制设备转动车见图 1-3-5。

（五）解析点评

项目实施过程中华东送变电工程有限公司施工项目部面临着一系列挑战与风险，将 CLCC 混合型换流阀这套国际最先进、自主研发的国产新装备替换原来的老旧设备，为换流站带来新面貌。而南桥换流站为国内首条 ±500kV 直流输电线路、葛沪直流的受端换流站。此次工程建成后可从根本上解决由交流系统故障或多馈入直流引发的换相失败问题，对确保葛南直流长期安全稳定运行、确保葛洲坝清洁水电安全入沪意义重大。

图 1-3-5　定制设备转运车

四

直流滤波器场的精密配合

摘要：南桥换流站直流滤波器的工艺配合安装过程体现了精密与复杂性的结合，从避雷器、电流互感器、电抗器到电容器及支柱绝缘子等多种设备协同安装。安装过程中，面对安全压力大、场地作业面狭小、交叉作业多等诸多不利因素，项目部认真策划、精心组织，确保人员分工明确、配合默契，合理安排施工工序，整体工作有条不紊。

（一）实施背景

南桥换流站本期对直流滤波场围栏内设备进行改造，包括避雷器、电流互感器、电抗器、电阻器、电容器、软母线、管母线、支柱绝缘子等多种设备。针对直流滤波器场内设备种类、施工工序繁杂的特点，南桥项目部对直流场施工工序及工艺进行细致优化，同时加强现场管理，有效地缩短了工期，确保了施工安全和质量。

（二）目标

极Ⅰ直流滤波器场设备改造原计划开始时间 2022 年 11 月 20 日，结束时间 2023 年 3 月 20 日。实际开始时间 2022 年 11 月 19 日，结束时间 2023 年 3 月 12 日。

极Ⅱ直流滤波器场设备改造原计划开始时间 2023 年 2 月 2 日，结束时间 2023 年 4 月 30 日。实际开始时间 2023 年 2 月 4 日，结束时间 2023 年 4 月 17 日。

直流场围栏内主要设备清单见表 1-4-1。

表 1-4-1 直流场围栏内主要设备清单

序号	名　称	单位	数量（每小组）	备注
一	双调谐直流滤波器 2 组 HP12/24 围栏内设备（拆除）			
1	电容器塔（C1、C2）	座	4	
2	滤波电抗器（L1、L2）	台	4	
3	直流避雷器（F1-1、F1-2、F2）	台	6	
4	滤波器电阻器（R）	台	2	

续表

序号	名　　称	单位	数量（每小组）	备注
5	直流电流测量装置（T1、T2、T4）	台	6	
6	110kV 支持绝缘子	支	8	
7	35kV 支持绝缘子	支	4	
8	软母线、管母线及配套金具	套	2	
二	双调谐直流滤波器 2 组 HP12/36 围栏内设备（拆除）			
1	电容器塔（C1、C2）	座	4	
2	滤波电抗器（L1、L2）	台	4	
3	直流避雷器（F1-1、F1-2、F2）	台	6	
4	直流电流测量装置（T1、T2、T4）	台	6	
5	110kV 支持绝缘子	支	8	
6	35kV 支持绝缘子	支	4	
7	软母线、管母线及配套金具	套	2	
三	双调谐直流滤波器 2 组 HP12/24 围栏内设备（安装）			
1	电容器塔（C1、C2）	座	4	
2	滤波电抗器（L1、L2）	台	4	
3	直流避雷器（F11、F12、F2）	台	6	
4	滤波器电阻器（R）	台	2	
5	直流电流测量装置（T1～T6）	台	12	
6	110kV 支持绝缘子	支	8	
7	35kV 支持绝缘子	支	6	
8	软母线、管母线及配套金具	套	2	
四	双调谐直流滤波器 2 组 HP12/36 围栏内设备（安装）			
1	电容器塔（C1、C2）	座	4	
2	滤波电抗器（L1、L2）	台	4	
3	直流避雷器（F11、F12、F2）	台	6	
4	滤波器电阻器（R）	台	2	
5	直流电流测量装置（T1～T6）	台	10	
6	110kV 支持绝缘子	支	8	
7	35kV 支持绝缘子	支	6	
8	软母线、管母线及配套金具	套	2	

（三）总体情况

1. 运输、卸车注意事项

运输和保管时，包装箱不许倒置、翻滚，不能放置在凹凸不平的地面，堆放场地平整，无积水，并有防雨措施。

卸车时，起吊包装箱应轻落，并且摆放台架的地面要平整。要注意包装箱上码堆叠放的限制要求。保存电容器时应使其套管竖直向上，不许不加支撑而将一台电容器叠置于另一台上。包装箱不许倒置、翻滚，不能放置在凹凸不平的地面上。搬运电容器应处于直立位置，即套管向上。严禁提拿套管搬运电容器。

装置各零部件应装箱，保存在防潮、防雨水和冰雪的室内。不得靠近热源，室内不得有腐蚀性气体等。如不具备室内保存条件，应做好防雨水和冰雪的措施。

2. 人员、工器具准备

人员安排和主要机械设备、工器具清单分别见表 1-4-2 和表 1-4-3。

表 1-4-2　　　　　　　　　人 员 安 排 表

序号	职务	责 任 划 分
1	安装负责人	现场整体协调、进度控制
2	技术员	负责施工方案编制及技术交底、现场技术指导工作
3	安全员	负责现场安全文明施工监督、检查工作
4	质量员	负责现场安装质量监督、检查工作
5	安装人员	负责设备基础定位、开箱、吊装等工作

表 1-4-3　　　　　　　主要机械设备、工器具清单

序号	名称	规格型号	单位	数量	备注
1	汽车吊	25t	辆	1	
2	经纬仪		台	1	
3	尼龙套子	3T 4m	付	2	
4	水平尺		把	2	
5	卷尺		把	1	
6	力矩扳手		套	1	
7	钢板尺		把	2	

3. 直流滤波电容器塔安装要点

直流滤波电容器塔安装体现了精密与复杂。直流滤波器高压电容器塔为三塔结构 17 层塔架式布置，电容器双排平卧，安装总高度 14.817m。直流滤波器低压电容器塔为 3 层塔架式布置，电容器单排平卧，安装总高度 4.751m。塔架式布置见图 1-4-1。

（1）基础钢板的安装。清理现场和基础，清除地脚螺栓上的水泥和其他杂物，并以润滑油涂于地脚螺栓的螺纹处。调节地脚螺栓的螺母使基础钢板的上表面在同一水平面上，平行度偏差不大于 2mm。

（2）找出各零部件并集中。

（3）安装底座支柱绝缘子。

1）先将底部绝缘子支撑板和支撑钢管与地脚板连接。

2）再将支撑绝缘子和上下绝缘子支撑板连接，通过调节使高度一致。支撑绝缘子加强肋朝向一致，不要磕碰到绝缘子。

图 1-4-1　塔架式布置

3）调节水平，并保证上法兰盘面处于同一水平面上，对基础的平行度偏差不大于 0.5mm。必要时可用垫片垫平。然后将底座支柱绝缘子上下法兰螺栓预紧。

（4）电容器框架安装。现场按照编号将对应的框架拼接（如：O1B 对应 O1A），将框架放在水平的地面，中间采用连接板连接，并调整好尺寸（宽度方向 ±1.5mm）。拼接方式见图 1-4-2。

（5）框架与底座支持绝缘子件的连接。在第一层台架上四个端点（对称孔即可）安装吊环螺栓（或使用布吊带进行吊装），并使用专用起吊钢丝起吊至步骤三安装好的底座绝缘子上，与底座绝缘子上的安装孔对

图 1-4-2　拼接方式

应，用螺栓锁紧（见图 1-4-3）。同时将底座绝缘子上下法兰的螺栓锁紧。其中直流滤波器高压电容器塔将第一层框架与绝缘子和倾斜板凳螺栓连接，拧紧预先配置的螺栓。支撑板凳为倾斜放置，中心轴与绝缘子保持一致，见图 1-4-4 和图 1-4-5。

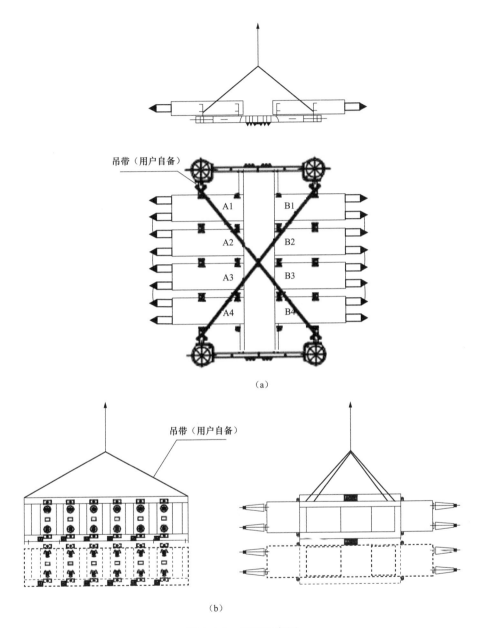

图 1-4-3 吊装示意图

安装电容器台架时为防止起吊过程中随意摇摆,应在电容器台架两端绑上绳子并由专人负责拉扯住,起吊位置应保证台架平衡。起吊过程中,应有专人负责、统一指挥,各个临时拉线应设专人松紧,各个受力地锚必须有专人看护,做到动作协调。

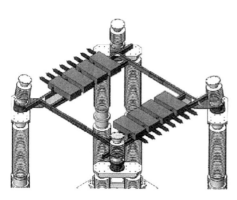
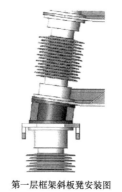

第一层框架斜板凳安装图　　第五层框架斜板凳安装图

图 1-4-4　支撑板凳倾斜示意图　　　　图 1-4-5　斜板凳安装图

（6）框架与绝缘子连接。按照图纸找出对应的绝缘子，将绝缘子平放在框架上，孔与框架的孔相对应，并且绝缘子的方向一致。将支柱绝缘子通过螺栓固定在框架上。框架与绝缘子连接图见图 1-4-6。可两层框架或三层框架一起吊装。在上层不需要调整时，下层的螺栓应及时紧固，防止螺栓出线弯斜现象。此步骤需地面完成。

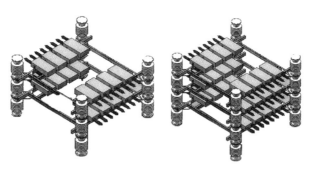

图 1-4-6　框架与绝缘子连接图

（7）框架与防晕环的连接（见图 1-4-7）。防晕环由四个人在对应位置拿好，在装配过程中配合处一定要保证在中间位置。若孔配合太紧可以使用砂纸适当打磨，装好后，将防晕环用紧固件固定在框架位置。此步骤需地面完成。

（8）吊装其他各层平台。按顺序安装各层平台，并依次吊装，直到全部安装完成。

（9）金具及管母的安装。进行金具及管母的安装时，应对照安装图选取正确

的管母支持件、绝缘子、管母、金具进行
安装。

安装管母、均压环时，先将管母金具
安装到电容器台架上并且将管母金具上
端盖拆开（此时管母金具与电容器台架之
间的紧固螺栓先不要扭紧），然后将管母、
均压环安装到管母金具上并调整好后，将
管母金具的紧固螺栓紧固。

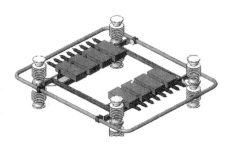

图 1-4-7　框架与防晕环的连接

（10）其他注意事项：

1）电容器单元在搬运和安装过程中严禁对其套管施力。

2）电容器单元摆放和固定之后的间距要符合图纸要求。

3）由于塔架安装完成之后在塔架上连接导线比较困难，需在每层台架吊装之前将导线连接好。

4）电容器台架位置的摆放需严格按照编号进行，否则可能造成容差超标，影响后期保护调试。

5）由于运输、储存、安装过程中造成装置表面任何污秽，需清理干净后再进行吊装。

6）个别电容器台架由于其位置原因设置均压环或者出线端子，需提前安装好之后再进行吊装。在安装均压环或接线端子的时候，要确定安装固定的位置对称、没有偏移，固定金具、夹件受力均匀。

7）人员攀爬塔架时，严禁蹬踩支撑绝缘子。

8）电容器塔安装过程中每 5 层框架安装完毕之后，对塔架的水平和垂直情况均要采用水平仪进行测量和校正，满足水平要求在 ±2mm 内，垂直要求在±10mm 内。

9）支撑绝缘子安装前需做超声波探伤试验，试验不合格严禁使用。

（四）创新成果及亮点

南桥换流站直流滤波器的工艺配合安装过程体现了精密与复杂性的结合，从避雷器、电流互感器、电抗器到电容器及支柱绝缘子等多种设备协同安装。

电容器的搬运和存储需格外保持竖直姿态，防止损伤。人员分工和责任划分，现场协调、技术指导到安全监督等关键职能明确到人，保障工程流畅进行。

机具和材料的备齐、严格检验的每项工具和设备，均确保了安装全过程的顺畅。

在电容器塔的塔架式布置安装中，底座支柱绝缘子的安装、电容器框架的精准拼接及吊装、绝缘子与防晕环的连接等步骤实施过程中严控细节，严把质量工艺，确保了安装设备的精度以及施工过程的安全。

（五）解析点评

在直流滤波器设备安装过程中，面对安全压力大、场地作业面狭小、交叉作业多等诸多不利因素，施工项目部认真策划、精心组织，确保人员分工明确、配合默契，合理安排施工工序，整体工作有条不紊。

五

设备繁多、工序复杂的交流滤波器场改造

摘要： 南桥换流站设备改造工程重点之一是改造交流滤波器场设备，涉及多种设备更换。鉴于设备繁多、工序复杂，南桥项目部对工艺进行了优化，采用先进施工技术和严格管理确保安全、高效。这些措施应用后，工期显著缩短，按时保质完成，为后续设备调试创造条件。工程改造不仅提高设备性能，也为电力系统稳定运行和经济可持续发展贡献力量。过程中的创新工艺不仅提高安装效率，还降低了工作风险，确保工程安全质量。通过技术创新，使得改造工程的安全性和施工便捷性得到加强，奠定了工程顺利完成的基础。

（一）实施背景

本次±500kV南桥换流站设备改造工程是一项技术改造的重要举措，其目的在于提升换流站的运行可靠性和效率，从而持续为上海经济发展提供可靠的"绿色"能源支持。

工程重点之一是对交流滤波场设备进行改造，包括了交流滤波器围栏内设备、交流滤波器小组进线TA、交流滤波器小组进线接地开关、交流滤波器大组TV、交流滤波器大组避雷器、交流滤波器大组接地开关等多种设备。鉴于交流滤波器场内设备种类繁多、施工工序复杂的特点，南桥项目部对施工工序和工艺进行了精心优化。采用了一系列先进的施工技术和管理手段，以确保施工过程安全、高效。同时，项目部加强了现场管理，包括人员培训、安全监控、质量检查等方面的工作，以保障施工的安全和质量。这些措施的实施显著缩短了工期，保证了工程的按时完成。

这一系列的改造措施不仅为后续设备调试和投运创造了良好的条件，也为南桥换流站的稳定运行和长期发展奠定了坚实基础。通过提升设备的性能和可靠性，本工程将为上海地区电力系统的稳定运行做出重要贡献，进一步促进当地经济的绿色可持续发展。

（二）目标

交流滤波器场设备改造工程的目标是通过充分利用电气专业的优势，突出土建专业在改造施工中的优势。在改造过程中以确保安全始终处于首要位置，坚持"安全第一"的原则，因此在工程的各个阶段都将安全放在至关重要的位置。通过预防措施和严格的安全管理，南桥项目部致力于最大限度地降低事故风险，保障施工人员和设备的安全。在工程进度方面，南桥项目部将相互协调配合，合理规划交通与安全顺序，以确保施工过程高效有序。南桥项目部注重与各专业之间的协调，通过精心的进度安排和协同作业，力求将工期缩短到最低程度，以确保工程按时完成。

为了实现工程进度的有效控制，南桥项目部制定了详细的工作计划，并严格按照计划执行。同时，项目部注重工作队伍的培训和管理，确保所有施工人员都具备足够的专业知识和技能，并严格执行各项安全操作规程。还加强了现场监督和检查，及时发现和解决施工中的安全隐患问题，以保障施工过程的安全性和顺利性。在项目的实施过程中，项目部还注重与相关部门和单位的沟通与协调，确保各方面资源的充分利用和优化配置，为工程的顺利进行提供了有力保障。

（三）总体情况

施工作业更换清单见表 1-5-1。

表 1-5-1　　　　　　　　　施工作业更换清单

交流滤波器区域	交流滤波器围栏内设备	局部更换
	交流滤波器小组进线 TA	全部更换
	交流滤波器小组进线接地开关	全部更换
	交流滤波器大组 TV	全部更换
	交流滤波器大组避雷器	全部更换
	交流滤波器大组接地开关	局部更换

在电气设备安装阶段，由于电容器组、避雷器组和电抗器等设备需要进行试验后才能进行安装，项目部就围栏外的电流互感器和电压互感器先行安装开展了讨论，以确保不会影响后期的电气试验工作，从而实现先安装。

同时，作业时增强了电气试验人员的紧密合作，优先完成需要先试验再安装的设备，以最大限度地节省时间，提高工程进度。这种同时进行不同作业、重叠时间的操作，能够有效地节省工期，推动工程进度的快速推进。

　　例如，项目部在施工时，电容器组需要在安装前进行严格的电气试验，以确保其安全可靠。为了不因电容器组试验的延迟而影响工程进度，项目团队决定先安装围栏外的电流互感器和电压互感器。这些互感器的安装不会影响到电容器组的试验工作，主要考虑这些作业是优于电容器组电气试验之前就可以完成并投入使用的设备。

　　（四）创新成果及亮点

　　本次交流滤波器场设备改造工程在施工工艺方面取得了以下创新成果和亮点：

　　（1）隔离开关和接地开关安装施工工艺引入一种新型的安装方法，即在隔离开关和接地开关的支架上预留安装孔，将这些开关的主体部分与支架部分分开安装。首先安装支架部分在基础上，然后再将主体部分安装在支架上。这种方法有效地减轻了安装时的重量和高度，提升了安装的安全性和便捷性。

　　（2）电压互感器、电流互感器和避雷器安装施工工艺采用了一种创新的安装方式，即在这些设备的底座上预留安装孔，将设备的主体部分与底座部分分开安装。首先将底座部分安装在基础上，然后再将主体部分安装在底座上。这一方法同样有效地减少了安装时的重量和高度，提高了安装的安全性和便捷性。

　　这些创新的施工工艺不仅在提高安装效率方面表现出色，同时也显著降低了工作风险。为交流滤波器场设备改造工程的顺利进行提供了可靠保障。通过这些技术创新不仅加强了工程的安全性，也提高了施工的便捷性，为工程的顺利完成奠定了坚实基础。这些措施不仅使施工更高效，同时也提升了施工人员的安全感，使得整个工程更具有可控性和稳定性，确保了项目顺利实施。

　　（五）解析点评

　　南桥换流站设备改造工程作为一项高难度的大型技改工程，因涉及多种设备更换和安装，工期紧迫、任务繁重、难度巨大。为了确保工程的安全和质量，南桥项目部采取了一系列措施，着重对交流滤波场施工工序和工艺进行了精心优化。通过引入新型的安装施工工艺，项目部成功提高了施工效率和水平，从而有效地缩短了工期。这些优化措施为后续的设备调试和投运创造了良好的条件，为南桥换流站的顺利升级提供了可靠保障。

设计和施工兼顾优化的电缆沟（主控楼、交流滤波器场）改造施工

摘要：在电缆沟（主控楼、交流滤波器场）改造工程中，项目团队通过落实电土配合、灵活优化工序和加强成本管理等措施，有效优化了施工过程。针对电缆沟施工的安全管理，项目团队采取了科学合理的施工作业方案、作业人员培训和监督检查等措施。创新成果方面，团队成功设计施工了一条更为新颖的电缆沟，解决了空间限制问题，同时提高了施工效率。整个电缆沟改造施工中安全和质量得到了保障，工期和成本得以有效控制，并通过技术创新和管理优化提升项目团队效率和专业能力。

（一）实施背景

南桥换流站的电缆沟在经过多次改造后，电缆沟内电缆过多，难以放入新电缆，同时部分旧电缆已经老化，抽除旧电缆带来的风险较高，增加了施工的难度和风险。尤其在主控楼和交流滤波器场区域，电缆沟已经满载，电缆排列混乱，存在严重的安全隐患。为了适应日益增加的电力需求和设备升级，必须对现有的电缆沟进行改造。

在这次技术改造工程中，除了主控楼的更新外，交流滤波场的电缆沟施工也被列为重要任务之一。电缆沟施工的质量和安全性直接关系到换流站的运行效率和电网的稳定性，因此具有重要意义。

（二）目标

本次改造工程的主要目标是通过优化设计和施工流程，确保电缆沟施工的质量和安全，同时在不影响换流站正常运行的前提下，尽可能缩短工程周期，控制成本。具体来说，目标包括：

（1）提高电缆沟施工的质量和安全水平，确保施工过程中不影响换流站的正常运行。

（2）尽可能缩短工程周期，以减少对换流站运行的影响，并尽快完成改造工程。

（3）通过技术创新和管理优化，提升项目团队的工作效率和专业能力，为类似工程提供宝贵经验。

（三）总体情况

本次改造过程中项目部积极协调设计、运维单位，相互配合，采用了新技术、新方法。首次应用了 BIM 技术更好地发现和解决潜在问题，提升协调效率，此外在土电配合、优化工序、管控成本等方面都有所提升。现场管理方面也安排具有多年现场施工和安全管理经验的项目经理和专家共同指定安全管控措施并对现场施工区域的规范施工进行监督。

（1）落实土电配合：加强土建和电气专业之间的协作，确保电缆沟施工过程中的安全管理和质量控制。

（2）灵活优化工序：根据现场实际情况，灵活调整施工工序，避免对旧电缆的损害，并争取更多的施工时间。

（3）加强成本管理：精确计算工作量和资源配置，有效控制成本，确保工程的经济效益。

本次电缆沟施工过程中，高度重视施工安全，为保证施工过程安全可控，特地安排具有多年现场施工和安全管理经验的项目经理和专家共同指定安全管控措施，并采取以下主要措施：

1）制定科学合理的施工作业方案，明确作业的目的、范围、步骤、要求、注意事项等，对作业的风险进行评估和分析，制定应急预案和措施，确保作业的可行性和安全性。

2）对作业人员进行专业的培训和考核，提高作业人员的技能和素质，增强作业人员的安全意识和责任感，规范作业人员的行为和操作，确保作业人员的合格性和安全性。

3）加强现场的监督和检查，对作业的进度、质量、安全等进行实时的跟踪和控制，发现问题及时进行处理和纠正，防止问题的扩大和恶化，确保作业的有效性和安全性。

4）建立完善的安全管理制度和机制，明确安全管理的职责、权限、流程、标准等，建立安全管理的沟通、协调、反馈、考核等环节，形成安全管理的闭环，确保安全管理的规范性和安全性。在实施过程中，项目团队注重团队协作和技术创新，积极应对各种挑战，确保了改造工程的顺利进行。

（四）创新成果及亮点

1. BIM 技术的应用

本次改造通过 BIM 技术，南桥换流站的电缆沟改造实现了以下提升：

（1）在虚拟环境中进行施工规划和模拟，及早发现和解决潜在问题。

（2）通过 BIM 进行精确计算，优化电缆布局和布线路径，减少施工中的错误和返工。

（3）BIM 技术促进了设计与施工团队的协同合作，提升了施工效率和工程质量。

2. 标准化施工流程

南桥换流站改造严格按照国家电网有限公司的标准工艺体系进行施工管理，具体包括：

（1）参考"工艺标准库""典型施工方法""标准工艺设计图集"等标准，对施工程进行严格管控。

（2）在项目部各个阶段实施标准工艺清单的施工交底，督促分包单位严格按照标准工艺施工，对重点工序和重要环节进行现场督查。

（3）加强施工人员的培训和管理，提升其专业素质和质量意识，确保每个施工环节的高质量完成。

3. 灵活施工方案

南桥换流站改造在面对施工空间有限和老旧电缆处理等问题时，采取了灵活的施工方案：

（1）优先进行电缆沟增设和主要电缆敷设，确保电气设备尽早进场施工。

（2）针对电缆沟底与支架基础底距离相近的问题，采取加厚垫层的措施，避免等待土方回填时间，直接进行电缆沟施工。

本次改造工程的一个重要创新成果是新建电缆沟的设计和施工方法。在不影响旧电缆运行的前提下，设计并施工了一条新的电缆沟，有效解决了空间限制问题。采用了先进的施工技术和管理方法，如提前敷设电缆等，大大提高了施工效率。此外，项目团队还通过技术创新和管理优化，成功地提升了团队的工作效率和专业能力，为类似工程提供了宝贵的经验。通过这次改造工程，南桥换流站的设备得到了有效更新，电缆沟施工的质量和安全性得到了保障。

（五）点评解析

南桥换流站电缆沟改造项目通过设计与施工的兼顾优化，成功解决了电缆容量不足、老旧电缆处理和施工空间有限等问题，显著提升了施工效率和工程质量。项目团队的创新实践和标准化施工流程，为未来类似工程提供了宝贵的经验和指导，体现了在电力工程中设计与施工相结合的重要性。项目的成功实施，不仅满足了当前的电力需求，还为未来的设备安装和系统运行提供了坚实的基础，为电力行业的发展注入了新的活力和动力。

七

与暖通、阀厂家的高效紧密配合

摘要： 本文从阀厅阀塔建造的施工过程展开，从工程实际建设条件出发，各项工作由华东送变电工程有限公司作为施工单位，协调阀供货商、厂家、物资物流、劳务分包商在内的多方面人员一同施工，主要讲解与各暖通、阀厂家的高效紧密配合，依据设计蓝图将整个新建换流阀的拆除过程和施工过程，由各项施工工艺展开详述，并与现场实际情况做比对，将安装流程切实可行的记录在案，可作为其他同类型工程阀厅改造的借鉴模板。

（一）实施背景

本期工程对双极换流阀进行更换，改造后换流阀仍采用空气绝缘、纯水冷却、悬吊式四重阀，阀片采用晶闸管和 IGBT 混合阀（即 CLCC 换流阀）。对换流阀阀塔与阀避雷器的更换不改变原有阀厅结构，新建换流阀和避雷器的尺寸和重量不超过原有设备。

（二）目标

1. 改造后换流阀特点

可控换相的 CLCC 换流阀具备可控关断能力，逆变器不会发生换相失败。CLCC 换流阀在正常运行期间，换流阀的特性与传统 LCC 换流阀完全相同，不会改变换流器无功、交直流谐波、绝缘、过负荷等任何特性，特别适用于原有直流系统的改造。新型 CLCC 换流阀由主支路和辅助支路并联构成，主支路由常规晶闸管阀串联低压大电流 IGBT 阀构成，辅助支路由高压 IGBT 阀和高压晶闸管阀串联构成，CLCC 换流阀基本结构形式见图 1-7-1。

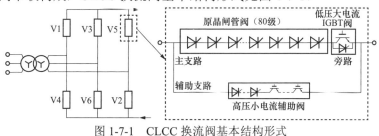

图 1-7-1　CLCC 换流阀基本结构形式

CLCC 换流阀采用悬吊式四重阀结构，每个单阀为两层双列结构包括 4 个阀模块，两层阀模块串联构成一列，一列为主阀模块，另一列为辅助阀模块，每个四重阀共 16 个阀模块，结构上形成一个阀塔，改造后阀塔结构见图 1-7-2。

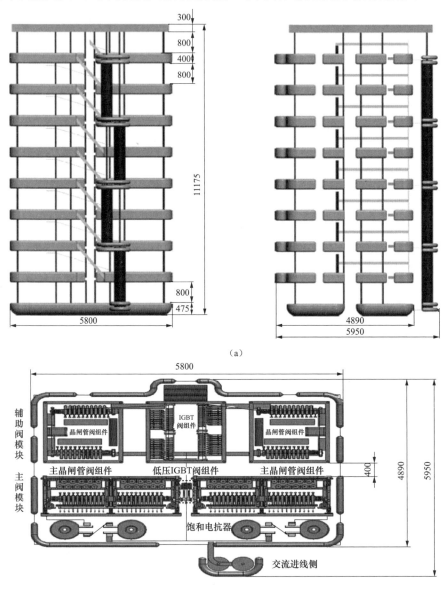

（a）

（b）

图 1-7-2　改造后的阀塔结构

（a）阀塔侧视图；（b）阀模块俯视图

2. 拆除及安装工程量

阀塔主要包括阀模块、底屏蔽罩、悬吊绝缘子、导电母排、水冷管路、光纤、阀避雷器等，相关拆除及安装工程量见表 1-7-1。

表 1-7-1　　　　　　　　　拆除及安装工程量表

序号	名　　　称	单位	数量
1	双极换流阀拆除	套	6
2	双极 CLCC 换流阀安装	套	6
3	四重阀中的单阀数目	个	4
4	每极四重阀数目	个	3
5	每极换流阀的单阀数目	个	12
6	每个单阀中的阀模块数目	个	4
7	四重阀塔层数	层	8
8	每个四重阀中的阀避雷器数目	只	8

（三）总体情况

设备施工期间，双方的工作有交叉，相互协调，相互合作，但是要责任明确，双方需切实负起责任，确保安全施工，质量第一，做到不推诿、不怠工，全力推进工程的实施。

阀供货商会指定现场专职负责人，全面负责现场的安装工作，与施工单位确认每天计划的各种安装作业任务，以及所需设备、工具、材料以及所需的安装人员调配等。施工过程中，阀供货商和施工单位每天都有专人专责负责现场工作，在任何一方不到场情况下，不得施工，并通知现场专职负责人。

阀供货商负责现场组装的技术指导和安装质量性能把关，负责安装过程中的零部件清点和检查，指导安装单位搬运零件、开箱、清理、拆除包装箱、吊装等工作。

安装单位负责现场人员、设备的总体组织协调，保证现场各部门协调一致并按计划完成工作内容；负责安装现场环境的安全、清洁和日常管理。安装单位负责整体安装进度，提出每日进度和工作内容；负责设备各包装单元的搬运、开箱、清理和临时就位，负责拆除包装箱、安装单元吊装和安装工作。

设备厂和安装单位负责各自承担的工具及施工人员安排如下：

1. 阀塔顶部吊件安装

施工单位按厂家指导要求做好换流阀产品相关吊件的吊装、对接、找平、紧固等工作。包括吊座、特制螺旋扣、光纤过渡桥架、悬挂支架、悬吊绝缘子等。

厂家负责跟踪吊件安装工艺，对安装完成后的安装精度、方向、紧固力矩及部件编号等确认后，方可转入下道工序。

2. 阀塔顶部 S 型水管吊装

施工单位使用电动葫芦和手动葫芦（滑轮）在厂家的指导下进行吊装。

厂家负责指导施工单位施工，对水管的型号、布置方向及部件编号等确认。

3. 顶部屏蔽罩部件安装

施工单位负责顶部屏蔽罩工作。通过调节花篮螺栓使顶部框架满足产品技术要求。

厂家配合检查顶部框架的尺寸及水平，指导吊装工作。

4. 阀塔层框架及底屏蔽罩安装

厂家负责做好阀塔层间框架连接件、附件清点检查。按照装配图、产品编号和规定的程序指导安装，负责跟踪绝缘子安装工艺，控制进度和螺栓紧固力矩。确认并指导吊装方法，吊带、吊点选择等。

施工单位按厂家指导做好地面组装，从上往下吊装层间框架，完成对接、紧固等工作。吊装过程中，应做好平稳性控制，保证设备安全。

5. 阀塔维修平台的安装

厂家负责零部件的清点及指导组装、吊装工作，负责确认维修平台进出口位置。

施工单位按照图纸将维修平台组装完成，并吊装至图纸要求位置。

6. 阀组件安装

厂家负责提供阀组件（晶闸管、散热器、TCE、RC 回路）吊装专用工装，负责指导整个阀组件吊装就位过程，并检查其电气主回路的电流方向符合技术规定，并负责阀组件安装的工艺。

施工单位负责按照厂家指导吊装阀组件，并做好连接紧固，安装时为保证阀塔的稳定性，两边同时交替将晶闸管组件推入铝支架上，并用螺栓固定，施工单位负责阀组件安装的安全控制。

7. 电抗器组件吊装

厂家负责提供电抗器组件吊装专用工装，负责指导整个吊装过程。

施工单位负责按照厂家指导吊装电抗器组件，并做好连接紧固，施工单位负责电抗器组件安装的安全控制。

8. 阀塔层间附件安装

厂家负责提供阀塔内模块间软连接、层间母线等电气连接点接触面处理工艺要求，并对成品工艺进行确认。厂家负责槽盒、角屏蔽等附件的部件编号确认等。

施工单位按照厂家装配图安装层间附件，负责电气连接点的接触面处理及安装，并做好回路电阻记录。

9. 阀避雷器安装

施工单位负责安装，阀避雷器各连接处的金属表面应清洁，无氧化膜，各节位置、喷口方向应符合产品的技术规定，均压环安装应水平，与伞裙间隙均匀一致。

10. 阀不锈钢水管安装

施工单位安装时将金属主水管表面、管口和内部清洁干净，避免水管内部有杂质、碎屑。

厂家负责指导安装不锈钢水管及其附件。

11. PVDF 冷却水管安装

施工单位负责阀体冷却水管安装，等电位电极的安装及连接应符合产品技术规定，水管在阀塔上应固定牢靠。（密封圈的安装一定要按照厂家技术规定来执行，防止漏装和装偏现象。）

厂家负责确认水管安装前水管路无杂物遗留、临时堵头已拆除、管路连接部位紧固，对过程中的水管对接工艺及本身质量负责。

12. 阀塔注水

施工单位负责阀水冷系统的安装，负责阀厅通水前的主水管的清洗工作。

厂家负责确认内冷水注入条件，负责水流量及管路通水后的检查工作，施工单位配合检查。

13. 屏蔽罩安装

施工单位负责屏蔽罩的安装工作，避免磕碰及损伤，并按照厂家屏蔽罩编号顺序进行安装。

厂家负责对屏蔽罩安装完成后的编号位置及外观情况进行确认。

14. 母排安装及接触电阻测试

施工单位负责阀塔母排地面预组装，针对阀厅地面预组装部分打磨、螺栓紧固力矩并测量接触电阻。安装完成后逐点进行接触电阻测试，并记录。

厂家对阀厅内部的母排连接及测试工作进行全程跟踪，对过程中的处理工艺及母排本身质量负责。

15. 金具连接及接触电阻测试

施工单位负责阀避雷器外部电气金具的吊装和接触电阻测试工作。

16. 阀控施工

施工单位负责阀控设备的卸货、转运、吊装就位，厂家确定就位的正确性。施工单位负责换流阀本体与阀控设备的光纤敷设及信号核对校验工作。

厂家负责提供阀控端子、槽盒等附件阀控设备的施工。

17. 光纤敷设前测试

光纤到货后，厂家应进行地面测试，施工单位、监理单位共同见证。

18. 光缆敷设

施工单位对光纤敷设槽盒检查，槽盒应达到厂家光缆敷设要求。

厂家负责阀塔光纤敷设前校对，负责光纤接入设备，光纤的弯曲度应符合产品的技术规定。施工单位负责光纤的敷设工作，并做好成品保护。厂家负责检查，确保光纤不受损伤。

19. 调试试验

施工单位负责换流阀设备所有交接试验，并实时准确记录试验结果，及时整理试验报告，所有试验的项目及内容应符合产品的技术规定。安装试验：水压试验、光纤测试、避雷器试验主通流回路接触电阻测试；调试试验：晶闸管触发试验、低压加压试验等项目。

厂家负责提供所有交接试验的技术规定，并协助施工单位完成所有的交接试验。

20. 质量验收

在竣工验收时，施工单位负责牵头质量验收工作，施工单位负责提供安装记录及交接试验报告，备品备件、专用工具的移交工作。

厂家配合施工单位进行竣工的验收工作，并提供相应产品的说明书、安装图纸、试验记录、产品合格证及其他技术规范中要求的资料。

（四）创新成果及亮点

本次改造涉及电气一次、电气二次、消防、暖通、土建、钢结构等诸多专业，改造施工管理协调难度较高。比如阀塔更换过程就涉及电气一次拆除、二次回路拆除、阀冷管道更换、阀厅钢结构加固等多工种配合作业。为此南桥项目部在前期勘察期间一项重要的工作就是理清各工作面的改造内容，开工前针对每个作业面开展专项协调会，加强各专业之间的配合，把握好工序安排，制定详细的进度计划，确保按期完成工作。

总结单极停电期间施工的经验，合理优化施工工序，于单极停电相比换流变压器牵引、换流阀拆除、钢结构加固等施工工作，分别提前了2、4、20天，为南桥改造关键路径施工赢得工期。

（五）解析点评

换流阀的改造涉及阀塔拆除、阀厅加固、新阀安装与调试三个步骤，每一步都是一次挑战。由于阀塔的吊装高度高、重量大、结构复杂，且没有以往的施工经验可供参考，项目部做了大量的前期准备工作。

首先组织人员提前消化所有老阀相关外语资料，深入研究拆除和吊装的方法，现场勘察阀厅吊装环境，最终编制拆阀专项施工方案，细化拆阀施工步骤。随后，项目部调配具有新建换流阀塔经验的专业管理人员及施工人员开展工作，配齐各类吊车、升降车、曲臂车等特种作业车辆。

此外，项目部还首次引入 BIM 建筑信息系统对阀设备改造施工进行仿真模拟，依据设计图纸和施工三措一案，在施工前进行可视化全过程推演，使施工人员能更加形象地熟练掌握改造施工作业流程，最大程度避免安全事故。

八

"精打细算"的换流变压器移运作业

摘要：本文简述了南桥改造需要移运换流变压器作业的缘由，并从场地准备、施工流程、具体牵引步骤、牵引注意事项和牵引力的核算等几方面展开，重点展示了本次改造中对于移运开展的各作业单位的协调等创新描述，将作为良好的施工范本其实后续管理单位对于开展配合施工的案例借鉴。

（一）实施背景

换流变压器采用单相三绕组变压器，网侧接入220kV交流系统，单台容量230MVA，每极3台换流变压器，另设1台备用。本次施工内容为极1、极2区域共计6台换流变压器的牵引盘路作业。换流变压器虽不属于本期改造范围，但考虑到阀厅施工期间，为避免损伤换流变压器阀侧套管，需将换流变压器临时退出基础，待有关改造结束后再进行复位，因此存在换流变压器移运的工作量。

（二）目标

每极有3台换流变压器，总共6台换流变压器，根据改造计划，换流变压器移位计划，如下：

（1）极1换流变压器移出：2022年11月13日～2023年11月22日；

（2）极1换流变压器恢复：2023年1月11日～2023年2月28日；

（3）极2换流变压器移出：2023年2月2日～2023年2月10日；

（4）极2换流变压器恢复：2023年3月24日～2023年3月31日。

换流变压器牵引过程平稳、顺利牵引至指定位置，牵引过程中换流变压器及附件不发生任何碰撞。

（三）总体情况

1. 场地准备

（1）吊车停放地点周边应清理，换流变压器场地平整，基本满足吊车使用要求。

（2）牵引作业区提前清空并用围栏围出区域。

换流变压器广场见图 1-8-1。

图 1-8-1 换流变压器广场

2. 换流变压器牵引相关设备拆除及安装

换流变压器退出对相关设备及二次线进行拆除，换流变压器恢复后再对相关设备及二次线进行恢复，部分设备考虑原拆原装，根据实际情况部分设备或封堵考虑换新。

（1）换流变压器阀侧套管封堵、阀侧套管、网侧套管软母线拆除，断开接地，拆除过程中应采用高空作业车，禁止攀爬套管；防止导线散股、变形。封堵拆除过程中应保护好封堵材料，不能损坏，后续恢复时还要使用。换流变压器阀侧及网侧见图 1-8-2。

图 1-8-2 换流变压器阀侧及网侧

（2）换流变压器本体控制箱（见图 1-8-3）内接线按照拆接表拆除电缆，做好防护措施，换流变压器就位后再恢复接线。考虑到二次线拆除后，放置时间较长，需要采取保护措施。

（3）热线滤油器（见图1-8-4）装置设备拆除及恢复。

图1-8-3　换流变压器本体控制箱

图1-8-4　换流变压器热线滤油器

（4）换流变压器本体感温电缆、喷淋管道拆除及恢复，与站内沟通，根据实际情况感温线考虑换新。换流变压器感温电缆及水管见图1-8-5。

（5）换流变压器小车固定挡板（见图1-8-6）需手持切割机或氧乙炔切割拆除，办理动火票手续。根据实际情况固定挡板考虑更换。

图1-8-5　换流变压器感温电缆及水管

图1-8-6　换流变压器固定挡板

（6）换流变压器油气在线监测（见图1-8-7）与本体连接管道拆除及恢复，需要厂家人员配合。

（7）换流变压器东西两侧消防管道（见图1-8-8）拆除及恢复，外侧及内侧均需拆除。

3. 具体牵引步骤

（1）检查换流变压器所有与其他设备的连接是否均已断开，并确认均已拆除。

图 1-8-7　换流变压器油气在线监测

图 1-8-8　换流变压器消防管道

（2）在换流变压器广场预埋的地锚孔的位置安装卷扬机。卷扬机滚筒朝向换流变压器方向。底部放置枕木，卷扬机放置在枕木上。

（3）接电源，启动卷扬机，将钢丝绳从卷扬机卷筒上放下来。换流变压器牵引孔利用钢丝绳连接一只动滑轮，地锚一侧连接一只定滑轮。工人拽动钢丝绳按照绕组顺序依次穿入钢丝绳，通过钢丝绳和滑轮组将卷扬机与换流变压器小车的牵引孔进行连接。

（4）利用卷扬机收紧钢丝绳的动能，牵引小车向广场（恢复时是向基础）方向移动。

（5）卷扬机工作时则将换流变压器缓慢牵引直至到达广场指定位置停放。（或到达其指定位置精准就位）。

4. 换流变压器牵引注意事项

卷扬机配合钢丝绳和滑车组进行牵引，牵引时将钢丝绳用卸扣固定在小车正中间的牵引孔内，小车车轮在行进途中可能会与预埋轨道产生位置偏差，所以牵引时车轮如果快要与轨道相切时，应立即停止牵引，采用将变压器顶升的方法，使变压器脱离小车，调整小车与轨道的位置，调整完毕再次牵引（若再次偏差，还是同样办法处理）直至到达指定位置（广场或基础）。牵引速度应保持在每分钟小于 2m，牵引时保持换流变压器的状态平稳。

5. 牵引系统的布置及其验算

换流变压器就位施工的重点在于换流变压器过程控制。在牵引过程中，为保证对换流变压器有足够的拉力和尽可能小的震动冲击，一般都采用由滑轮组、钢丝绳和卷扬机组成的拖绞系统进行牵引。现对牵引方式选择、校核如下。

　　±500kV 南桥换流站换流变压器当前最大重量约 353t，其启动所需的最小拉力：

$$F=(\mu_1=\mu_2)\,G=(0.05+0.005)\times3530\text{kN}=194.15\text{kN}$$

式中　G——换流变压器重力；

　　　μ_1——换流变压器车轮与钢轨的滚动摩擦系数，这里 $\mu_1=0.05$；

　　　μ_2——换流变压器车轮与车轴的滑动摩擦系数，这里 $\mu_2=0.005$。

摩擦系数取值来源于《常用材料摩擦系数表》。

牵引系统布置见图 1-8-9 和图 1-8-10。

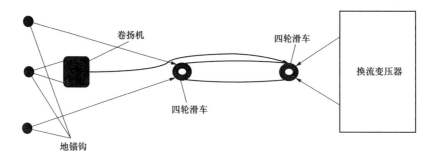

图 1-8-9　牵引系统布置 1（基础牵引至广场）

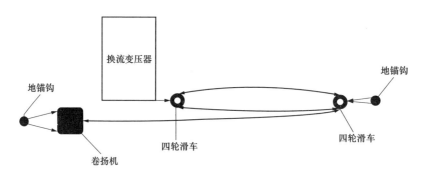

图 1-8-10　牵引系统布置 2（广场牵引至基础）

　　略去牵引系统自身重量的影响，则滑轮组钢丝绳跑头的最小拉力：

$$S=KF=\frac{f^n(f-1)}{f^n-1}F=\frac{1.04^{12}(1.04-1)}{1.04^{12}-1}\times194.15=20.7\text{kN}$$

式中　k——滑轮组省力系数，这里钢丝绳从定滑轮绕出，取 $K=\dfrac{f^n(f-1)}{f^n-1}$；

　　　f——单个滑轮的阻力系数，查表得 $f=1.04$；

n ——工作线数，这里有效负载钢丝绳数量为 12 根，取 n=12。

由钢丝绳拉力 $S_g \leqslant \dfrac{aR}{m}$ 可知，牵引钢丝绳的最小破断拉力：

$$R = \frac{S_g m}{\alpha} = \frac{20.7 \times 4}{0.82} = 100.97\text{kN}$$

式中　S_g ——钢丝绳的容许拉力，这里取滑轮组钢丝绳跑头的最小拉力，即

S_g =20.7kN；

α ——钢丝绳破断拉力换算系数，这里选用 6×37 钢丝绳，取 α =0.82；

R ——钢丝绳破断拉力；

m ——钢丝绳安全系数，这里钢丝绳用于电动起重设备，同时考虑到换流变压器牵引过程中的环境因素，取 m=4。

在施工中，我们采用的钢丝绳结构形式 6×37 直径 19.5mm 的钢丝绳，公称抗拉强度为 1850MPa，其最小破断拉力 R_1=261.5kN。

$$261.5\text{kN} > 100.97\text{kN}$$

由此可知换流变压器牵引过程中牵引系统的布置选择安全可行。

（四）创新成果及亮点

在拆卸封堵和移运换流变压器过程中，施工项目部调整前后工序、缩短衔接时间。由于阀厅墙体需要重新加固，换流变压器要从原来的工作位置先牵引至换流变压器广场，待墙体加固完之后再推回。换流变压器牵引前需要先拆除防火封堵板，然后才能牵引。

项目部将以往的"拆三相后移三相"优化为"拆一相就移一相"，改变以往三台封堵全部拆完再移运换流变压器的工序，安排拆除班组和牵引班组无缝衔接：当封堵班组拆完 C 相时牵引班组就可以进行 C 相的牵引工作；封堵班组继续进行 B 相、A 相的封堵拆除工作。不用等三相全部拆完后再进行牵引，从而使得计划需要三天完成的二级风险任务只用 1 天完成。

（五）解析点评

本次改造涉及电气一次、电气二次、消防、暖通、土建、钢结构等诸多专业，改造施工管理协调难度较高。比如换流变压器牵引的准备工作就涉及电气一次拆除、二次回路拆除、消防管道拆除、阀厅内墙板拆除等多工种配合作业，为此南桥项目部在前期勘察期间一项重要的工作就是理清各作业面的改造内容，开工前针对每个作业面开展专项协调会，加强各专业之间的配合，把握好工序安排，制定详细的进度计划，确保按期完成工作。

BIM 技术在改造阀厅钢结构
作业中的应用

摘要：BIM 技术在改造阀厅钢结构作业中的应用，即依据 BIM 技术，将南桥改造过程中的重要部分——阀厅的改造，清晰明了的仿真出来，为阀厅拆除和新建提供了详尽的第一手经验。帮助施工人员进行形象高效地可视化安全施工交底，提前熟悉施工作业流程，有效保障施工工程中的安全性。

（一）实施背景

阀厅作为本次南桥改造的主要项目之一，通过对换流阀改造拆除和安装的数据模拟，利用 BIM 技术构建完整的换流阀拆除与安装三维信息模型。BIM 技术的基础就是建筑工程项目中的各种相关信息数据，然后再通过建立建筑模型，来模拟建筑物的真实。BIM 技术具有可视化、协调性、模拟性、优化性和可出图性五大特点。

（二）目标

BIM 技术以 BIM 为基础，参数化的数据信息为核心，通过服务于项目实施过程中各个阶段的分析与应用，来最终实现其经济效益和社会效益。BIM 技术的应用主要集中在以下几个领域：

（1）可视化应用。BIM 可以模拟出建筑效果图、日照采光可视化模拟、"置身其间"的虚拟动画施工等，方便业主、设计与施工等各方的沟通和交流。

（2）建筑分析。BIM 通过模拟"真实世界"的情况，可以广泛地应用于建筑的舒适度分析，节能模拟分析，空气、水流等流体性能分析，环境温度、可视度和噪声分析评估与实验，不同生命周期成本分析和控制，建筑消防的性能化评估以及应急状态下的紧急疏散等，帮助设计出更科学合理及满足使用功能要求的建筑。

（3）碰撞检查。将项目各专业分别构建的 BIM 整合到一起，就形成了项目统一的 BIM，利用 BIM 的整体模型可以检测出所有碰撞冲突的类型和位置，并输出报告。有了碰撞报告，项目各方就可以在施工前协调解决存在的冲突，从而避免出现返工和损失。

（4）施工阶段应用。施工阶段是 BIM 展示其价值与优势的关键领域。通过集成与整合进度、成本及管理系统信息，BIM 在施工组织与资源优化、工程进度、质量和成本管理、可视化指导施工和生产以及材料设备和物资的管理等方面得到了极其广泛的应用。

（5）设施运维管理。项目交付时的 BIM 竣工模型包含了设施的空间数据、技术性能报告等所有信息，这些信息可以有效地帮助设施管理机构在运营阶段进行设施维护和故障处置，并建立运维期的性能报告系统，从而能够实现高水准的设施运维管理，降低设施运行维护的成本。

（三）总体情况

钢结构属于装配式建筑，需要提前进行精确设计、生产、预装，BIM 在每一个环节中都发挥了重要作用，也为钢结构设计的应用带来了诸多便利。BIM 三维信息模型可让设计师在现有施工图基础上完善施工图纸、指导施工。还可以对钢结构的各专业间进行碰撞检查，发现构件冲突，提前解决构件冲突带来的问题，减少了设计问题。

本工程阀厅内施工内容较多、工期较短，为尽可能避免交叉施工安全隐患，采用 BIM 对整体改造施工进行可视化预演，并尽可能细化到每一细小施工步骤，充分考虑到施工阶段可能存在的问题，阀厅钢结构加固施工与风管、水管托架等施工交叉较多，通过 BIM 技术有效的规划了施工节点与流程，确保后续施工安全。钢柱和屋架加固 BIM 示意图分别见图 1-9-1 和图 1-9-2。

图 1-9-1　钢柱加固 BIM 示意图

图 1-9-2　屋架加固 BIM 示意图

BIM 技术应用于阀厅内换流阀拆除步骤，具体步骤如下：

（1）阀冷水管泄压、放水；

（2）阀冷主设备机组、控制柜拆除；

（3）阀厅阀塔设备与阀侧套管之间连线拆除（见图 1-9-3）；

图 1-9-3　阀厅阀塔设备与阀侧套管之间连线拆除

（4）阀光纤及阀塔内光纤槽盒拆除（见图 1-9-4）；

（5）阀避雷器拆除（见图 1-9-5）；

（6）阀塔顶部及周围屏蔽罩拆除（见图 1-9-6）；

（7）阀塔内主水管及分支水管拆除（见图 1-9-7）；

图 1-9-4 阀光纤及阀塔内光纤槽盒拆除

图 1-9-5 阀避雷器拆除

图 1-9-6 阀塔顶部及周围屏蔽罩拆除

图 1-9-7　阀塔内主水管及分支水管拆除

（8）导电铝排拆除（见图 1-9-8）；

图 1-9-8　导电铝排拆除

（9）阀基电子柜（VBE）拆除（见图 1-9-9）；

图 1-9-9　阀基电子柜（VBE）拆除

（10）阀组件及电抗器拆除（见图 1-9-10）；

图 1-9-10　阀组件及电抗器拆除

（11）阀塔阀层框架拆除（见图 1-9-11）；

图 1-9-11　阀塔阀层框架拆除

（12）底层屏蔽罩及框架拆除（见图 1-9-12）；

图 1-9-12　底层屏蔽罩及框架拆除

（13）S 型水管拆除（见图 1-9-13）；

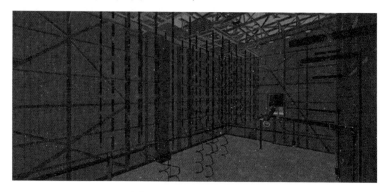

图 1-9-13　S 型水管拆除

（14）顶部框架及悬吊支撑绝缘子拆除（见图 1-9-14）；

图 1-9-14　顶部框架及悬吊支撑绝缘子拆除

（15）阀厅内水冷管道拆除（见图 1-9-15）；

图 1-9-15　阀厅内水冷管道拆除

（16）拆除设备包装运至指定位置。

（四）创新成果及亮点

基于 BIM 技术，对改造设备进行三维建模，创建数字化信息模型，依据设计图纸和施工"三措一案"，在施工前对工程各阶段进行全过程推演，目前已完成对阀厅、新建电缆沟、直流滤波器场等工作面关键工序仿真，可对施工人员进行形象高效地可视化安全施工交底，使之熟练掌握改造施工作业流程，有效避免安全事故发生。

此外，南桥改造工程在阀厅钢柱、桁架等主要受力构件增加应力、变形等数字化技术监测措施。每个阀厅布置 106 个应力监测点，17 个倾斜监测点，10 个沉降监测点。在阀塔拆除前，临时布置结构应力监测点 5 个，分布在 5 个桁架上；倾斜监测点 3 个，分布在 3 个桁架上。目前已收集完拆阀前后的监测数据，并已按原方案将 106 个监测传感器全部安装到位，后期将认真分析阀厅钢结构在阀设备拆除前后、新阀安装前后的所有数据，为阀厅结构寿命研究提供全方面的理论依据。另外，在换流站成功投运后将持续做好监测装置的维护及数据采集分析工作，实现阀厅全过程状态监测。

（五）解析点评

BIM 可以将电气安装和土建图纸在服务器中进行预装，从而通过模型预安装获取阀塔设备安装拆除的试验报告，主要开展钢结构的各专业间碰撞检查，发现构件冲突，提前解决构件冲突带来的问题。BIM 技术的应用，从安全和安装效率上为南桥换流站改造提供了重要的帮助。

阀厅钢结构加固工程中的横吊梁拆除作业

摘要： 南桥换流站极Ⅰ、极Ⅱ阀厅在阀塔安装完成后，将开展阀厅钢结构加固工程中的横吊梁拆除作业，本文详述了拆除作业的风险点和操作方法。一切以安全为前提，合理施工工序和施工机具，经多方协调施工作业，最终顺利圆满地完成此次难度较高的作业。

（一）实施背景

本工程拟对南桥换流站极Ⅰ、极Ⅱ阀厅进行阀塔拆除更换及钢结构加固施工，其中新装阀塔采用新增阀吊梁进行吊装施工，考虑到阀厅钢结构整体承载力，加固后阀厅荷载拟不超过原有荷载，确保阀厅整体结构安全，需在新装阀塔吊装完成后对新增阀吊梁进行拆除施工。

（二）目标

极Ⅰ、极Ⅱ阀厅内新装阀塔完成安装后，需将原阀吊梁进行拆除，极Ⅰ拆除东侧（3.3 与 4.2 轴之间）通长一条阀吊梁，分为三段，单段最长约为 11.4m；西南（4.2 轴与 5.2 轴之间）侧拆除一段阀吊梁。阀吊梁规格为 250×400×8×12，单根最大重量不超过 0.9t。极Ⅱ阀厅为极Ⅰ镜像，拆除情况相同。

（三）总体情况

1. 施工准备

（1）编制阀吊梁拆除施工方案，并向建设单位递交审批，完善方案审批手续。

（2）阀吊梁拆除施工前向全体施工人员进行技术交底和安全交底，以使全体施工人员全面了解施工注意事项、原阀厅内阀塔与阀吊梁相对位置情况，确保施工安全。

（3）编制安全技术交底，对工人进行岗前安全教育培训，工人有变动或增加时要重新进行教育，阀吊梁拆除使用曲臂车与阀塔位置进行警戒隔离，严禁施工人员跨越警戒线进入非拆除施工区域。

2. 施工流程

极Ⅰ、极Ⅱ阀厅阀吊梁在阀塔安装完成后需及时进行拆除，避免影响后续安装及换流变压器推入施工，拆除顺序按照从里至外进行拆除，即优先拆除靠控制楼侧钢梁，依次往外拆除。

水平系杆加固现场位置布置如图1-10-1所示。

屋架系统增加构件中除桁架斜杆加固等极轻重量的构件之外，其余人工无法提升的阀吊梁采用4个葫芦进行吊装拆除，其中两个为3t手动葫芦，两个为5t电动葫芦。屋面系统所有需要提升的构件均为平行安装构件，构件提升前需根据钢结构图纸进行现场定位放线，并根据放线位置确定连接板位置，准确拆除连接板。每段钢梁拆除时设置4个吊点，钢梁拆除前预先定好吊点位置，手动葫芦的吊点位于阀吊梁的正上方，电

图 1-10-1　水平系杆加固现场位置布置图

动葫芦吊点设置在阀塔及附属设施投影面之外偏出800mm左右，以保证钢梁往下放时不对设备造成碰撞损坏；吊点设置于桁架上弦钢梁上，葫芦采用吊带进行悬挂固定，起吊高度约18.5～22.2m。

两葫芦分别在构件两侧进行锁紧并检查各个起吊环节，确认无误后开始试吊，试吊采用重量最大的构件。

（1）静载试验：装载一个钢梁，上行0.1m观察，吊具各部位连接保持正常，葫芦及安全锁无下滑。

（2）动载试验：上行1m观察，吊具各部位连接不变形，运行正常。

试吊三次，每次为10min，当一切正常后开始吊装。两个葫芦位于两端同时平行提升，安装配合人员采用曲臂车进行登高安装，并在构件提升过程中进行同步升高，对吊装过程进行观测，一旦发现异常，立即采取紧急处理措施，保证提升安全。

葫芦吊钩提升至顶端时，钢梁（水平系杆等）拉至连接件时，用钢丝绳固定住钢梁，完成钢梁的拆除工作。

施工过程配合登高车辆的移动与停放不发生冲突，保证高处安装的安全，

安装需根据事先编制的进度计划有序进行安装，如现场确需调整的，需项目部讨论并经项目工程师同意后方可进行调整更改。

极 1 阀厅电动葫芦滑轮挂点位置见图 1-10-2 所示。

图 1-10-2　极 1 阀厅电动葫芦滑轮挂点位置图

先在钢梁两端拴棕绳作溜绳。这样有利于保持钢梁空中平衡，以提高安装效率。钢梁的吊装钢丝绳绑好后，先在地面试吊二次，离地 50mm 左右，观察其是否水平，是否歪斜。如果不合格应落地重绑吊点。对较长的构件，应由专业工程师事先计算好吊点位置，经试吊平衡后方可正式起吊。钢梁吊装牵引示意图和剖面图分别见图 1-10-3 和图 1-10-4。

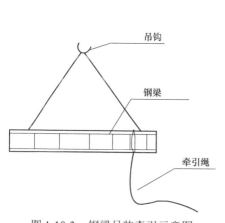

图 1-10-3　钢梁吊装牵引示意图

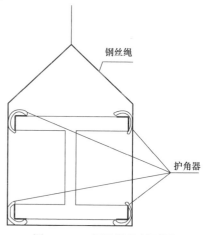

图 1-10-4　钢梁吊装剖面图

主吊点电动葫芦吊好阀吊梁，确保稳固无滑移后，先对连接板进行拆除，连接板拆除过程中在下方兜设防坠布，避免螺栓螺帽及垫片等意外掉落砸伤设备；连接板拆除后，将阀吊梁下放 500～800mm 后停止，采用电动葫芦吊点进行二次吊挂，手动葫芦缓慢下降，电动葫芦缓慢上升，使阀吊梁移开阀塔后，下降到地面，采用液压车将阀吊梁倒运出阀厅；阀吊梁拆除完成后，上方手动葫芦与电动葫芦进行拆除；所有需要拆除的阀吊梁按此步骤依次进行拆除，待拆除的梁全部拆除完成后所有机械及工器具、材料撤出阀厅，以便于后续安装施工。

（四）创新成果及亮点

极Ⅰ、极Ⅱ阀厅阀吊梁在阀塔安装完成后需及时进行拆除，一方面需避免影响后续安装及换流变压器推入施工，另一方面要保证已安装阀塔的设备安全，拆除顺序按照从里至外进行拆除，即优先拆除靠控制楼侧钢梁，依次往外拆除。

在阀厅施工过程中，施工项目部利用空间换时间，在同一空间内利用高度差，组织同步进行阀塔的拆除工作和阀厅钢结构加固作业。以满足安全要求为前提，阀塔拆除使用登高车，阀厅钢结构加固采用盘扣脚手架搭设工作平台方式，两项作业相互不影响。不但减少了机械交叉作业，还增加了作业面的数量，有效缩短施工工期。

（五）解析点评

在多次会议讨论的基础上，开展阀吊梁拆除工作，由施工方、设计方、超高压公司、运维单位组成联合工作小组，由施工单位实施。"老法师"多次到阀厅现场与阀厅巡视平台勘察，确保拆除可行性，制定设备进场拆除顺序，最后由一辆吊车，两辆升降车配合顺利拆除。

无经验可循时，项目部谨慎讨论实施方案，并多次开展全面勘察。换流阀设备的拆除在全国尚属首次，此前并无相关经验借鉴。在开工前施工项目部积极组织技术团队，邀请技术人员、现场工作负责人一同讨论研究，在相关资料缺失的情况下初步排定了拆除工序及方法。在停电后，团队对换流阀设备进行了全面勘察，发现只有在完整保留框架的情况下拆除设备是最方便的。在没有吊装平台的情况下，反复确认寻找最合适的吊点，在正式拆除前选取每层换流阀组件托梁进行试吊，确保吊装工作安全进行。在最后拆除阀塔顶部过渡框架过程中，将吊带更换为更为耐磨的钢丝绳，并对吊点处增加保护措施，有效避免了因吊带微小缺口被上方阀吊梁磨损绷断的情况，最终顺利完成换流阀设备全部拆除工作。安装阶段，利用 4 根吊装在阀厅钢梁上的吊杆，并通过特制螺旋扣与钢盘吊座连接，从而保证安装过程不会出现应力集中现象，降低施工风险。

阀厅钢结构加固施工方法

摘要： 本文详述了阀厅钢结构加固施工方法。从本次南桥阀厅改造的需求性讲起，依据门洞开设、材料进场、防火墙彩钢板拆除、钢柱加固、钢梁加固、交叉支撑加固、桁架斜杆加固、防火涂料、防火墙彩钢板恢复等工序开展施工工艺详述，为后续大型钢结构工程改造提供借鉴。

（一）实施背景

本项目需改造极Ⅰ、极Ⅱ阀厅为单跨结构厂房，建造于 1987 年。建筑物为地上一层，单坡屋面，屋面高度为 23.073m（21.280m），主体结构为层框排架结构，纵向设置柱间支撑。本工程钢结构加固施工主要涉及原防火墙板、彩钢墙板拆除恢复，钢柱钢板加固，新增风管、水管托架梁、槽盒托架梁，屋面下弦新增水平支撑系杆与交叉支撑，屋面桁架斜杆加固，阀厅钢结构整体防火涂料施工等。

（二）目标

严格执行国家、行业、国家电网有限公司有关工程建设安全管理的法律、法规和规章制度，确保工程建设安全文明施工，采取积极的安全措施，确保实现安全目标和质量目标。依据门洞开设、材料进场、防火墙彩钢板拆除、钢柱加固、钢梁加固、交叉支撑加固、桁架斜杆加固、防火涂料、防火墙彩钢板恢复等工序开展施工，施工进度配合电气安装进场。

（三）总体情况

1. 钢柱加固类型概述

本次阀厅钢柱加固范围为 2.1 轴与 5.3 轴钢柱（角柱除外），加固长度为从地面至屋面通长，加固采用 16mm 厚 Q335 钢板，阀厅钢柱按截面区分可分为三类柱，下柱全部为截面 450mm 钢柱，标高为 ±0.00～14.8m，共计 14 根；上柱部分分为两类，2.1 轴上柱为截面 360mm 钢柱，标高为 14.8～22.855m，共 7 根，5.3 轴上柱为截面 300mm 钢柱，标高为 14.8～21.1m，共计 7 根。

2. 拼装与对接

（1）钢板横向拼接；

（2）柱与加强板拼装。

为尽量减小H型钢柱受热变形，上下节柱应当对称拼装，间断点焊，待全部拼装完成后再按工艺要求焊接。

3. 加固钢板吊装

采用2t电动导链葫芦作为主提升工具，在加固板上方加焊两个临时吊耳，吊耳长300mm，宽120mm，板厚16mm，中间开孔50mm，吊链穿过开孔收紧。25t吊车作为辅助吊装，将每3m（6m）长柱子加固板提升到加固位置后，立即进行点焊，点焊间距为每200mm一个，从下往上进行逐一安装。

下柱加固用16mm钢板，单块长度为3m、2.8m两种规格，单根单面共计5块；2.1轴上柱加固用16mm钢板，单块长度分3m、2m两种规格，单根单面共计3块；5.3轴上柱加固用16mm钢板，单块长度为3m，单根单面共计2块；无斜撑位置可预先将两块进行拼装后或按6m加工后切割预留柱间支撑卡口，再进行吊装，单块吊装板材不大于6m，以保证加固板的平直。

4. 加固焊接

由于厂房高度大，为施工便利，也为了确保施工安全，现场钢柱增加加固板，采用两边同时焊接的方式进行，10m以下柱加固计划曲臂车6台搭配升降车2台进行安装焊接；10m以上加固采用沿轴线通长搭设施工脚手架，并配合曲臂车进行焊接安装施工。

加固焊接施工前，需检查每根钢柱点焊是否完整，点焊钢板间隙不大于3mm，复核无误后可进行通长间断焊接施工，间断焊接单段长度为100mm，间隔150mm；柱两侧加固板拼装完成后，焊接方式采用分段两侧对称焊接，两人同时操作，焊接施工采用盘扣式脚手架进行通行，配合曲臂车进行，分段交替进行，保证钢柱两侧同时受热同时冷却，钢柱在加固施工完成后保持完好不产生形变和损伤。加固板之间连接焊接需进行满焊，且焊缝为二级焊缝，施工结束后需进行超声波探伤。

5. 桁架斜杆加固

屋架桁架需采用原桁架同规格Q355B角钢∟60×6进行焊接加固施工，加固用角钢与原腹杆同长，加固焊接为间断焊，焊100mm间断150mm，采用盘扣式脚手架进行上人安装焊接施工，极Ⅰ阀厅自P轴～V轴共计7根，轴线上桁架均需进行部分加固，其中P轴、R轴、S轴、U轴、V轴为最中间两道需加固，Q 轴、T 轴为最中间两道加偏 5.3 轴处一道共三道。

6. 水平系杆加固

屋架下弦轴间需增设水平系杆进行加固，极 I 阀厅为 P 轴～V 轴，极 II 阀厅为 B 轴～H 轴，单阀厅共计轴间 6 段×3 组，单组总长度约为 31500mm，水平系杆采用 Q335 圆管材质，规格为 146×6，水平系杆两边端部增设端板，原屋架下弦工字钢内部焊接固定筋板，筋板预开孔，端板与原屋架下弦梁筋板采用 10.9s 大六角高强螺栓进行连接；水平系杆安装采用 25t 吊车配合 2t（5t）导链葫芦（导链葫芦通过吊装带固定于屋架上弦钢梁）进行吊至安装高度后，安装人员站立于满堂盘扣式脚手架上进行安装施工，先用普通预装螺栓进行穿孔定位，定位完成后，用大六角高强螺栓进行逐一替换，并用扭力扳手扭至终拧位置。部分安装位置无法站立于脚手架上进行安装的，采用 24m 曲臂车进行配合施工，确保现场施工安全。

7. 交叉支撑加固

屋架下弦轴间需增设交叉支撑进行加固，极 I 阀厅为 Q 轴～R 轴，S 轴～T 轴，极 II 阀厅为 C 轴～D 轴，E 轴～F 轴，单阀厅共计轴间 4 组交叉杆，交叉系杆采用 Q355 直径 22 张紧圆管材质，交叉系杆两边端部增设椭圆连接件，原屋架下弦工字钢内部焊接固定筋板，筋板预开孔，与原屋架下弦梁筋板采用 10.9s 大六角高强螺栓进行连接，连接位置与水平系杆位置错开设置，水平系杆安装采用 25t 吊车配合 2t（5t）导链葫芦（导链葫芦通过吊装带固定于屋架上弦钢梁）进行吊至安装高度后，安装人员站立于满堂盘扣式脚手架上进行安装施工，先用普通预装螺栓进行穿孔定位，定位完成后，用大六角高强螺栓进行逐一替换，并用扭力扳手扭至终拧位置。部分安装位置无法站立于脚手架上进行安装的，采用 24m 曲臂车进行配合施工，确保现场施工安全。

（四）创新成果及亮点

±500kV 南桥换流站阀厅共有 4 堵墙，其中防火墙一侧和对侧墙分别有 7 根钢立柱，要从"工"变"日"，则必须在钢结构左右两侧加上两根钢板，进一步增强墙体承载力。

本次钢结构加固跟以往新建阀厅不同，阀厅防火墙一侧彩板打开后，钢立柱与墙面是紧密贴合的状态，只有凿开墙体才能将侧板与原钢板"焊死"连接，7 根钢立柱导致新增了 80m² 的土建工作量。为了保证工期按时完成，土建专业结合实际情况，紧急联络变电专业负责人商讨新的工作计划，响应"空间换时间"理念增加作业面，同时延长每日工时至 16h，白天高空作业、夜间地面作业,将可能延缓的 6 天时间科学地抢了回来。

此外,在看钢结构加固图纸时,发现钢柱加固的详图深度不足,要在"工"字形、高达 20 余 m 的钢柱两侧加焊钢板,却并未明确补强钢板分段的高度和做法。分段过长,会导致钢板起吊就位困难,导致钢柱变形;分段太短,则会增加工作量、延长工期。发现问题后,及时向设计院建议先补充钢柱加固钢板分段长度及详细做法,再由项目部根据修改后的图纸做焊接性试验,通过实验验证图纸的可行性,指导后续施工,最终确保了钢结构加固符合现行标准,且非常结实牢固,为后续设备拆除、安装奠定了良好基础。

(五)解析点评

钢结构加固工艺方法日趋成熟。南桥阀厅改造工程分阶段对阀厅进行钢结构加固,并通过建筑结构专家验证,确保满足新换流阀安装及运行要求。此外,在极Ⅰ阀厅布置 106 个钢结构应力监测、17 个倾斜监测点和 10 个沉降监测点,用来收集整个施工过程中形变数据,为今后其他老旧换流站改造提供阀厅结构寿命方面的理论依据,同时可实现设备投运后对整个阀厅进行全过程状态监测。

阀塔位移 425mm 确保安全距离

摘要：南桥换流站此次采用了国内自主研发的 CLCC 混合型换流阀，比原先使用的西门子设备更大、更重。由于阀塔的吊装高度高、重量大、结构复杂，且没有以往的施工经验可供参考。项目部进行了充分的前期准备工作，发现若按原位置安装新阀，肯定会导致阀塔和接地刀闸之间的带电距离不符合规范。因此极Ⅰ阀厅 ABC 三相整体向主控楼偏移 425mm，并采用升降平台车安装阀塔模块。由于新阀体积更大且安装位置偏移，导致原先的吊点不可用，现场增加临时的阀吊梁将平台车吊起。

（一）实施背景

南桥换流站于 1989 年 9 月投运，在运行的 33 年期间，历经多次改造。换流阀的改造涉及阀塔拆除、阀厅加固、新阀安装与调试三个步骤，每一步都是一次挑战。而此次工程不仅是对核心设备进行更新换代，还首次应用了 CLCC 混合型换流阀，在安装过程中，没有任何现成的经验可供参考。

（二）目标

首先，组织人员提前消化所有旧阀相关的外文资料，深入研究拆除和吊装的方法，现场勘察阀厅吊装环境，编制拆阀专项施工方案，细化拆阀施工步骤。

其次，施工项目部调配具有新建换流阀塔经验的专业管理人员及施工人员开展工作，配齐各类吊车、升降车、曲臂车等特种作业车辆。

最后，引入 BIM 系统对阀设备改造施工进行仿真模拟，依据设计图纸和施工"三措一案"，在施工前进行可视化全过程推演，使施工人员能更加形象地熟练掌握阀厅阀塔改造施工作业流程，最大程度避免安全事故。

（三）总体情况

南桥换流站此次采用了国内自主研发的 CLCC 混合型换流阀，CLCC 换流阀采用悬吊式四重阀结构，每个单阀为两层双列结构包括 4 个阀模块，两层阀模块串联构成一列，一列为主阀模块，另一列为辅助阀模块，每个四重阀共 16

个阀模块，结构上形成一个阀塔，改造后阀塔结构见图 1-12-1。

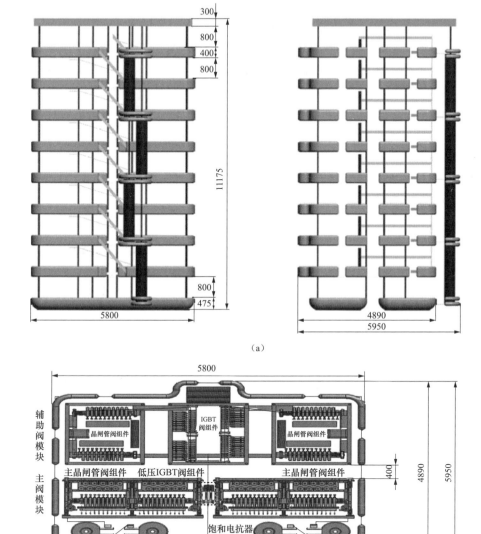

（a）

（b）

图 1-12-1　改造后阀塔结构

（a）阀塔侧视图；（b）阀模块俯视图

阀厅新设备比原先使用的西门子设备更大、更重，如果按原位置安装新阀，肯定会导致阀塔和直流穿墙套管均压环之间的带电距离不符合规范。由于穿墙套管位置受阀厅整体钢结构框架影响，难以挪动，一筹莫展之际，施工项目部充分利用逆向思维，既然无法改变阀厅墙体结构，不如在移动阀塔来确保安全距离，经过细致和缜密的计算和现场勘探，结合现场实际数据，将极Ⅰ阀厅 ABC 三相整体向主控楼偏移 425mm，确保安全距离符合安全规定。

阀塔模块采用升降平台车安装，平台车可同时放置整层模块（主支路、辅助支路左，辅助支路右），可以一次安装一层模块，方便操作人员施工，提高工作效率。平台车外形尺寸 7500mm×7500mm×1860mm，主梁上设计 4 个吊点，可由 4 个 5t 电动葫芦联动升降。吊点位置考虑了设备整体受力和模块重心分布，保证升降过程和安装过程中平台车保持平稳。平台车底部安装 8 个万象轮，升降车可以在地面平移，方便模块装卸。平台车地面在称重梁上平铺实木板，人员安装阀塔时有一个平稳的操作平台。

由于新阀体积更大且安装位置偏移，导致现场实际阀塔顶部吊装位置吊点不合，原先的吊点不可用，现场需要增加临时的阀吊梁才能将平台车吊起。按此方案需在阀厅顶部钢构上南北向增加 2 根阀吊梁。项目部反复核对图纸及新阀塔结构发现，原本设计的 2 根新阀吊梁在完成吊装任务后是需要拆除的，而新阀吊梁又刚好在新阀的正上方，且新阀吊梁又是自南向北通长一整根。项目部立即向业主及设计说明此问题，后又组织设计、厂家一起讨论解决办法，在几方共同努力下最终将东侧新阀吊梁在不影响吊点的结构的情况下，改为三段分开式，西侧改为四段。

（四）创新成果及亮点

在阀塔拆除时，面临着阀塔层间吊点的选择。与以往常规阀塔不同，BBC 阀塔安装时采用自上而下平台式安装，在拆除时未有拆除平台，只能从阀塔自身层间找吊点。在专家与技术人员努力下发现层间组件构架件四角都有，且分析来看是可以承受阀塔层间拆除时的自身重量的，为后续拆除阀塔奠定了基础。

在阀塔安装时，由于结构及阀塔带电净距离的要求，极Ⅰ阀厅直流穿墙套管与 A 相阀塔下四层不能满足带电净距离要求。在新阀塔设计吊点时需要整体往主控楼侧移位 425mm，这样一来按照现场实际阀塔顶部吊装位置吊点不合，需在阀厅顶部钢构上南北向增加 2 根阀吊梁。

若按照此方案实施，新阀塔安装将比较顺利完成。项目部反复核对图纸及新阀塔结构发现，原本设计的 2 根新阀吊梁在完成吊装任务后是需要拆除的，而新阀吊梁又刚好在新阀的正上方，最终将东侧新阀吊梁在不影响吊点的结构的情况下，改为三段分开式，西侧改为四段。

在阀设备安装工艺方面，工程采用创新方法，利用升降平台车将阀模块整体升至对应高度，方便操作人员施工，提高工作效率，降低作业风险。值得一提的是，此次新阀塔钢盘由 4 根吊杆吊装在阀厅钢梁上，吊杆通过特制螺旋扣与钢盘吊座连接。钢盘安装后，工作人员将使用激光水平仪对钢盘调水平，特制螺旋扣长度方向有 100mm 的调节量，可以用来弥补旧阀厅改造钢梁测绘的偏差。特制螺旋扣作为衔接吊杆和钢盘的关键部件，两端安装孔成 90°设置，保证 X 轴、Y 轴方向均可轻微摆动一定角度，避免可能出现的应力集中现象。此外，新安装的阀塔间每层模块下配置有检修梯，检修梯通至阀塔顶部，方便人员后续开展检修工作。

（五）解析点评

在阀厅阀塔施工过程中，利用阀厅 ABC 三相整体向主控楼偏移 425mm，采用升降平台车安装阀塔模块,将东侧新阀吊梁在不影响吊点的结构的情况下，改为三段分开式，西侧改为四段，以满足带电安全距离的要求，为后续施工作业的安全打下了基础，确保 CLCC 换流阀顺利在南桥换流站"安家落户"，保障南桥换流站设备综合改造工程安全有序推进。

BIM 技术在暖通、钢梁施工复杂环境下的应用

摘要： BIM 技术近几年在建筑工程中得到了广泛的应用。在南桥换流站改造工程的暖通、钢梁施工过程中，由于其作业具有专业性、复杂性以及交叉性，所以项目部利用 BIM 技术构建完整的暖通、钢梁施工三维信息模型，借助 BIM 技术来创建三维模型实施动态模拟。在施工前借助 BIM 技术能够更加深入地开展交底工作，更加准确的促使施工人员对设计理念加以理解掌握，有效减少后期的拆改，避免工程出现返工现象，并在检查以及设计工作中发挥出积极的影响作用。

（一）实施背景

2022 年 11 月，国家电网有限公司设备部组织对南桥换流站进行直流核心设备改造。这是国内首次针对运行换流站进行的核心设备改造，不仅涉及换流阀、直流滤波设备、直流套管等核心设备及直流控保系统，还将结合直流场闸刀设备改造及极 1A 相换流变压器大修，对部分设备进行全周期金属寿命分析，对站内运行环境进行治理，力保南桥换流站再焕新鲜活力。此外，本次工程还将首次采用国产 CLCC 可控换相阀及首套国产直流控保系统，对改造工程提出了更高要求。

本次南桥换流站的改造每一步都是一次挑战，在暖通、钢梁施工过程中，由于其专业、复杂性以及作业的交叉性，布设形式较为多样，其性质属于集中布置结构，进而这一特征更加的突出，且没有以往的施工经验可供参考，项目部做了大量的前期准备工作。近几年 BIM 技术在建筑工程中得到了广泛的应用，其实质是利用数字技术为前提，将所有的建筑信息数据加以综合分析利用，最终创建三维立体模型，还可以对全部的工程信息实施收集的一种技术方法。在暖通和钢梁施工复杂环境下的应用可以帮助实现更高效、精确和协同的施工管理，提高项目的整体质量和效益。为此，项目部首次引入 BIM 系统对暖通、钢梁施工进行仿真模拟，依据设计图纸和施工"三措一案"，在施工前进行可视化全过程推演，使施工人员能更加形象地熟练掌握改造施工作业流程，有效提

高工程进度，减少工程投入成本，最大程度避免安全事故，提高了设计的效率，减少施工作业发生错误的可能性。

（二）目标

（1）应用 BIM 技术解决暖通、钢梁施工技术难点。应用 BIM 技术建立暖通、钢梁专业模型，梳理阀塔吊杆与阀厅钢结构和钢盘连接的空间几何结构关系，及早发现图纸问题，并将问题解决在施工前，避免不必要的返工。实现机电综合模拟施工，避免机电管线交叉碰撞、净空不足等问题。

（2）通过 BIM 技术创新提升暖通、钢梁工程施工技术水平。针对改造工程中常见的而通过 BIM 技术又无法解决的技术问题，根据工程施工对 BIM 技术应用的实际需求进行软件开发从而拓展 BIM 技术的现有功能，为施工技术提供更多的功能软件技术。

（3）应用 BIM 技术提升项目管理水平。利用 BIM 高效信息协同特点，打破公司原有各部门之间、企业项目之间的信息壁垒，提高生产、质量、安全相关信息的提取和共享效率，实现公司、项目生产、质量、安全管理的信息化。

（三）总体情况

BIM 技术在南桥改造工程中暖通和钢梁施工复杂环境下的应用主要包括以下几个方面：

（1）碰撞检测：在暖通和钢梁施工中，利用 BIM 技术进行碰撞检测是常见的一种应用。通过建立三维模型，可以对阀厅钢结构的施工方案进行模拟，以提前发现并解决可能的问题，降低后期现场施工中因碰撞引发的一系列成本问题和工期问题。

（2）数据共享与协同工作：BIM 技术可以实现数据共享，让各专业团队实时了解其他专业的施工进度和情况，提高协同工作的效率。例如，暖通专业可以通过 BIM 平台获取阀厅钢结构的最新模型数据，以便于进行针对性的设计和优化。

（3）优化设计方案：利用 BIM 技术，可以对暖通和钢梁施工方案进行多方面的优化，如对阀厅钢结构进行受力分析和优化设计、对吊座法兰面与钢盘的螺栓连接等，从而提高设计效率，减少后期施工的难度和成本。

（4）可视化交底与培训：BIM 技术的可视化特点可以帮助施工方更好地理解施工方案和工艺，为交底和培训提供便利。例如，通过 BIM 对阀塔吊杆与钢梁安装进行详细展示，使得施工队伍可以更加清晰地理解施工要求和技术要点。

（5）材料与设备管理：利用 BIM 可以精确计算出阀厅钢结构所需的材料数

量，提高采购效率。同时，通过与物联网技术的结合，可以实现设备的实时监控和管理，提高施工现场的管理水平。

（6）质量控制与进度管理：通过 BIM，可以实时了解施工现场的质量和进度情况，对存在的问题进行及时发现和处理。同时，结合施工计划进行对比分析，可以对施工进度进行有效的控制和调整。

（四）创新成果及亮点

在南桥换流站改造工程中，通过 BIM 技术的可视化模型对顶部钢梁施工过程进行详细展示，使得施工队伍更加清晰地理解施工要求和技术要点。按照厂家图纸 CVA_MVU_FR_AS_5003 的要求把钢盘组装在一起并按照图纸要求调整需要保证的孔间距。

M22 螺栓拧紧力矩 400Nm，M16 螺栓拧紧力矩 140Nm。钢盘螺杆吊座按照图 1-13-1 位置方向安装。吊座法兰面与钢盘贴平。钢盘螺杆吊座安装螺钉见图 1-13-2。

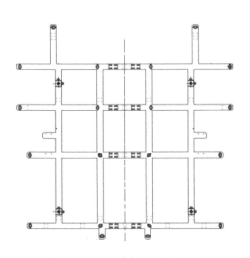

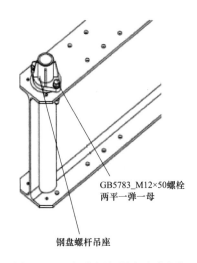

GB5783_M12×50螺栓
两平一弹一母

钢盘螺杆吊座

图 1-13-1　钢盘螺杆吊座位置　　　　图 1-13-2　钢盘螺杆吊座安装螺钉

M12 螺栓拧紧力矩 60Nm，钢盘上安装阀塔顶部光纤槽盒安装。

按照图 1-13-3，将顶部光纤槽安装在钢盘上。钢盘上是通孔，支架上 M8 螺纹孔，组合螺钉 GB70-2_M8×25_PT 穿过，见图 1-13-4。

按照图 1-13-5，将顶部光纤槽安装在支架上。光纤槽对接位置缝隙调整均匀，衔接面水平。

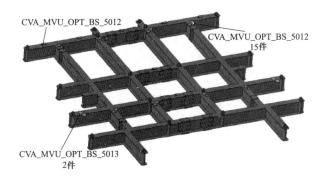

图 1-13-3 钢盘上顶部光纤槽支架分布

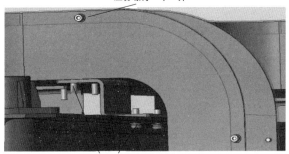

图 1-13-4 顶部光纤槽支架安装

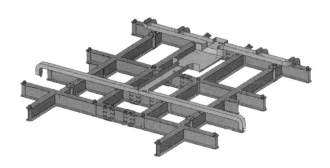

图 1-13-5 阀塔顶部光纤槽示意图

按照图 1-13-6 中钢盘上安装阀塔顶部金属水管。

图 1-13-7 为阀塔吊杆与阀厅钢结构和钢盘连接示意图。

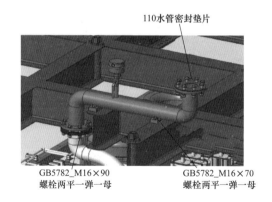

图 1-13-6　阀塔顶部水管安装细节

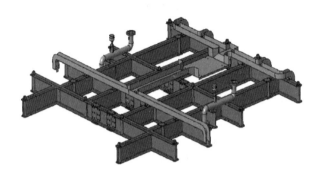

图 1-13-7　阀塔吊杆与阀厅钢结构和钢盘连接

吊杆伸出阀厅钢结构固定梁上表面 535mm。可将 4 根吊杆在下面画好参照线。

注：尺寸 535mm 可调整，它是根据钢盘上表面距离地面 16175mm 计算得出，如果阀厅钢结构实际高度与现有资料存在误差，以实际保证钢盘上表面距离地面16175mm 为准。安装吊杆时，以吊座下表面距离地面 16175mm 为参照尺寸，对吊杆高度进行调整。将四个吊座下表面调整到一个水平面内再进行钢盘安装。钢盘安装后如果不水平，可通过调节吊座与吊杆之间的花篮螺栓调平。

安装时先按照高度位置拧入第一个螺母，不打力矩，第二个螺母拧紧力矩400Nm。

吊杆与花篮螺栓连接的 M36 螺栓，双螺母，第一个螺母拧紧力矩 60Nm，第二个螺母拧紧力矩 200Nm。140×140×30 垫板焊接在钢梁上，位置尺寸按照阀厅布局图。阀塔吊杆与钢梁安装示意图见图 1-13-8。

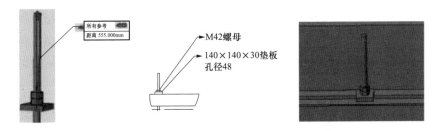

图 1-13-8　阀塔吊杆与钢梁安装示意图

南桥工程为改造工程，极Ⅱ阀厅可以利用原有的垫板，极Ⅰ阀厅的阀塔与工程相比有变动，需要重新焊接垫板。根据设计院"南桥站阀厅电气平面布置图 2022-5-5"内容，极Ⅰ阀厅 3 个阀塔位置视图水平方向左移 425mm，极Ⅱ阀厅四重阀避雷器位置视图水平方向右移 425mm。极Ⅰ阀厅阀塔位置图和极Ⅰ阀厅 A、B、C 相阀塔顶部安装位置分别见图 1-13-9～图 1-13-12。

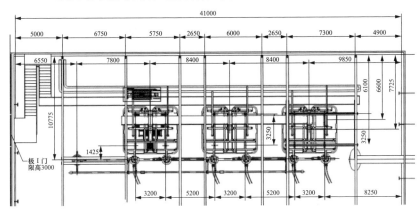

图 1-13-9　极Ⅰ阀厅阀塔位置图

图 1-13-10　极Ⅰ阀厅 A 相阀塔顶部安装位置

按视图 1-13-10 中阀塔顶部吊杆的垫板与原钢结构上的焊接板存在位置干涉，需要在干涉位置打孔，根据现场实际情况孔适当打大一些，确保吊杆能从下方穿过。140×140×30 垫板焊接在原来的板上，如果不合适可将原来的焊接板整体切掉。阀塔吊杆示意图见图 1-13-13。

图 1-13-11   极 I 阀厅 B 相阀塔顶部安装位置

图 1-13-12   极 I 阀厅 C 相阀塔顶部安装位置

吊杆通过花篮螺栓和吊座与钢盘连接，见图 1-13-14 和图 1-13-15。

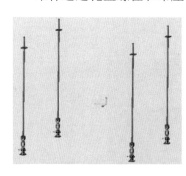

图 1-13-13   阀塔吊杆示意图

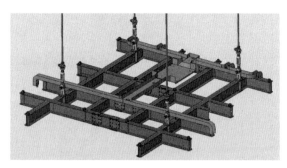

图 1-13-14   阀塔吊杆与钢盘连接示意图

图 1-13-15 吊座与钢盘连接示意图

注：花篮螺栓的两个 M42 螺母紧固不宜使用力矩扳手操作，可使用活扳手人力拧紧。

阀塔顶部吊座与工字钢连接的 M20 螺栓拧紧力矩 300Nm。

初步调整花篮螺栓的两个安装轴之间距离为 570mm，后面可根据实际情况进行微调。吊座、花篮螺栓连接示意图见图 1-13-16。

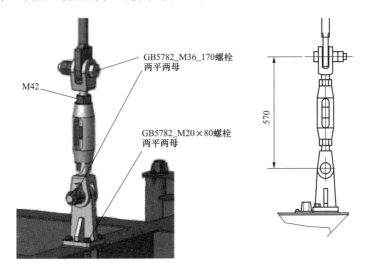

图 1-13-16 吊座、花篮螺栓连接示意图

（五）解析点评

由于南桥换流站改造过程中暖通、钢梁工程自身特殊的施工特点，将 BIM 技术应用到暖通、钢梁工程施工中能够实现施工效率的提高，确保整个工程项目的施工质量，减少了施工过程中资源的浪费现象，节约了工程成本，缩短了工程周期，提高了施工管理水平。因此，其具有十分重要的现实意义以及经济意义。

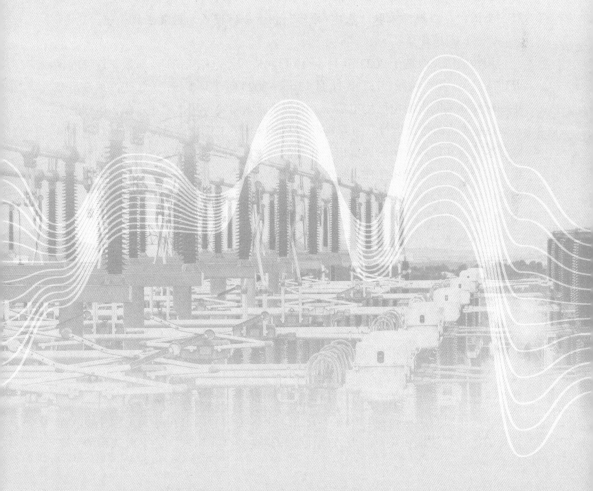

第二部分　精益化管控

阀厅施工安全管控能力提升

摘要： 南桥换流站经历了数次大大小小的技改，施工环境复杂，有临电作业、高空作业、母差搭接作业等高风险作业，二次回路相对复杂且二次图纸存在缺失，改造难度大大增加。为此，华东送变电工程有限公司派驻"上海工匠"、骨干老法师等负责作业管理。在高风险作业施工前做好风险分析，并制定详细的安全措施，在不停电阶段、极1停电阶段、双极同停阶段采取物理隔离，做好安全围护，在现场采取"基建+检修"相结合的模式，设置三级管理。

（一）实施背景

南桥换流站改造于2022年11月13日起进入停电施工阶段，于次年迎峰度夏前建成投运。第一阶段2022年11月13日～2023年2月1日，为了更好地满足今年迎峰度冬期间上海电网用电需求，南桥换流站将实行极1停电、极2运行的方式。这种"边改造边运行"的方式不仅大幅提升了工程建设难度，同时对电网风险预警管控和现场安全管理提出了更高的要求。为此，华东送变电工程有限公司已经做了大量前期准备工作，制定了详细的风险应对方案，并总结近年来在老站改造中的成功经验，始终把安全放在首要位置，确保工程如期竣工投产。

（二）目标

南桥换流站改造工程全站在部分运行的状态下实施改造，危险性和不确定性加大。华东送变电工程有限公司上下全体层层严格落实安全生产责任制，将安全理念有效贯彻到每一名管理和作业人员，并根据工程进展动态调整风险防范举措，始终确保安全作业。

贯彻"安全第一，预防为主"的方针，严格遵守安全生产规章制度，安全操作规程和各项安全措施规定，做好各级安全交底加强工人安全生产教育和检查，提高工人自我保护意识，落实安全生产岗位责任制，杜绝重大安全事故（无伤亡事故、无重伤事故、无火灾事故、无中毒、无重大设备事故）。

在施工过程中严格执行国家、行业、国家电网有限公司有关工程建设安全管理的法律、法规和规章制度，确保工程建设安全文明施工，采取积极的安全措施实现以下安全目标：

（1）不发生六级及以上人身事件。

（2）不发生因改造工程引起的六级及以上电网及设备事件。

（3）不发生六级及以上施工机械设备事件。

（4）不发生火灾事故。

（5）不发生环境污染事件。

（6）不发生负主要责任的一般交通事故。

（7）不发生对委托方造成影响的安全稳定事件。

（8）不发生违反政府和公司新冠疫情防控要求的事件。

（三）总体情况

（1）采取物理隔离，做好安全围护。此次改造工程共分为三个阶段：不停电阶段、极1停电阶段、双极同停阶段，为保证施工安全，施工区域与运行区域需进行隔离，因每个阶段停电状态不同，带电设备及区域也不同，三个阶段根据停电状态分别进行隔离围护，做到将带电设备完全隔离，并根据各阶段带电情况及时对施工人员进行交底。

（2）设置三级管理，加强过程管控。本次改造全站部分设备始终处于运行状态，为此在现场采取"基建+检修"相结合的模式，设置三级管理，项目部层面对工程进行全面管控；分区域设置区域负责人，加强本区域内各专业之间的协调和管理；工作负责人则对工作面内的施工安全、质量和进度负责。

对区域负责人、工作负责人进行充分授权的同时明确责任，层层压实责任，确保工程可控、能控、在控。比如阀厅区域内的改造工作，由区域负责人进行统管，对内加强钢结构、水冷、暖通、电气之间交叉作业的协调、组织、策划及安全管理，对外加强与其他区域的协调，工作负责人对具体各专业工作负责。

同时在项目部成立了多专业的联合安全巡查小组，聚焦临电作业、二次改造作业、吊装作业等易发生安全事故的高风险工作，加强现场安全监管力度。对施工班组现场使用的安全工器具逐一"把脉问诊"，坚决杜绝不合格安全工器具流入作业现场，全面落实落细现场各项安全管控措施，不断提升作业现场管控全过程闭环管理水平，确保安全生产工作平稳。

（3）细化安全措施，做好风险预控。南桥换流站经历了数次大大小小的技改，二次回路相对复杂且二次图纸存在缺失，改造难度大大增加。为此华东送变电工程有限公司派驻"上海工匠"汪强驻扎南桥换流站施工现场，"老法师"陈家宝带队负责调试工作。

此次改造华东送变电工程有限公司试验、继保工作完全自主实施，在控保改造停电施工前，调试团队便潜心研究施工图纸和现场改造中的每一根二次接线，将安措落实到每个端子上，制定详细的安措卡，保证了整个改造期间无论是控制电缆拆除，还是保护装置掏屏改造，未发生一例影响运行设备的事件，顺利完成了站用电改造、UPS 翻接、直流滤波场遗留电缆处理等改造难点。

（4）聚焦风险作业，确保施工安全。南桥换流站经过多次改造，施工环境复杂，有临电作业、高空作业、母差搭接作业等高风险作业，需要在高风险作业施工前做好风险分析，并制定详细的安措。比如母差回路搭接与传动试验，在停电过程中，不仅需要考虑极 1 和极 2 的停电，还需要处理进线开关以及交流滤波场的进线开关。这涉及 220kV 交流母差回路的拆线及恢复、调试，母差回路改造风险极高，一旦出现问题，可能会导致整个站内的 220kV 线路跳闸。

因此，在整个改造过程中，项目部需要彻底检查回路，尤其在最后的接入阶段的传动实验过程中存在一定风险，因为误投入或误操作可能导致其他开关跳闸。项目部提前制定了极为详实的 220kV 交流母线保护拆线方案、隔离安措卡，保证 220kV 交流场的运行设备的安全性。恢复前编写并核对恢复调试方案、隔离安措卡来确保实验过程的安全性。

（四）创新成果及亮点

本次南桥改造工程与基建项目安全是有所区别的，主要在于改造工程是在运行站内施工，所面临的安全风险更多更广泛。总体改造工程计划分为三个阶段来完成：第一阶段不停电施工，第二阶段极 1 停电施工，第三阶段双极停电施工。对照这三个阶段分别进行临时隔离围栏，将带点区域与运行区域有效的隔离，有效阻断了施工人员误入带电间隔的风险。

阀厅安装施工较大的风险在于阀塔的拆除，此次阀塔是 30 多年前进口的老设备，也是第一次进行拆除作业。对于安全的把控也是较为模糊。对于这一情况，项目部在极 1 停电后，组织了专家及技术人员登塔对阀塔的结构进行分析勘察，找出对应的、实质的、可行的拆除方案，最大程度避免了安全事故。

（五）解析点评

在整个南桥换流站改造工程中，华东送变电工程有限公司始终将安全放在首要位置，主要采取物理隔离，设置三级管理，细化安全措施，聚焦风险作业。将讲安全、抓安全、保安全贯穿于改造工程的全过程，致力于把南桥换流站设备改造工程打造成"世界观察中国电力的窗口"的标志性工程。华东送变电工程有限公司将继续强化责任担当，细化工作措施，进一步抓紧抓实抓好安全生产工作，确保南桥换流站后续年度检修工程安全顺利推进。

二

临近带电拆除电缆作业
的安全管控

摘要： 本文介绍了针对南桥换流站设备更新换代所需的临电电缆拆除工作安全管控措施。详细阐述了电缆拆除工作的背景、目标和总体情况，强调了电力拆除过程中的安全性和影响带电设备运行安全的重要性。提出了一系列严格的安全管理措施，包括摸排电缆、制定施工计划、委派专人监护等。本次作业的创新成果及亮点突出了安全管理的高效和可靠性，为类似工程提供了安全管理的借鉴和参考，有利于提升行业安全管理水平。

（一）实施背景

本次南桥换流站改造存在众多需更换设备，但设备拆除后相关动力电缆需及时拆除，为静电地板、电缆沟、电缆竖井、桥架等电缆通道腾出空间，为设备更换后的新电缆敷设工作打好基础，降低后续改造难度。而南桥换流站作为外电入沪的重要枢纽，设备众多，拆除设备经常临近带电设备，为保证在不影响带电设备运行安全的情况下完成工作量巨大的旧电缆拆除工作，如何做好临电电缆拆除工作的安全管控工作是一个重要的施工难题。

（二）目标

本次临电电缆拆除工作的目标是实现南桥换流站的设备更新换代，为新电缆的敷设和调试提供条件，同时保证拆除过程中不影响带电设备的运行安全和其他施工的进行。

（三）总体情况

南桥换流站的临时用电线路由架空线路和电缆线路两部分组成，其中架空线路主要用于配电和照明，电缆线路主要用于连接各种电气设备和机械。由于南桥换流站的设备更新换代，需要对原有的电缆线路进行拆除，为新电缆的敷设和调试腾出空间。

拆除工作的难点在于，电缆线路数量多，种类繁，分布广，与带电设备相连，拆除过程中要注意不影响带电设备的运行安全和其他施工的进行，同时要保证拆除电缆的安全和完整，避免造成二次损坏和浪费。由于电缆通道内电缆数量众多，拆除难度大，需要制定合理的拆除方案并落实专人监护，按照严格的程序和要求进行，防止发生危险和事故。

1. 本次电缆拆除作业阶段

（1）拆除工作的准备阶段。在拆除工作开始之前，进行了全面的准备。包括对现有电缆的详细摸排，以及对拆除工作的周密规划。摸排工作需要结合现场图纸进行，确保每一条电缆都被准确标记，以便在拆除过程中能够迅速识别。此外，施工计划必须详尽，包括拆除的时间表、所需工具和设备以及安全措施等。

（2）拆除工作的执行阶段。拆除工作的执行必须严格遵守既定的计划和程序。首先，应按照电缆的位置和电压等级，制定合理的拆除顺序。远离带电设备的电缆应优先拆除，以减少对带电设备的干扰。其次，拆除工作应使用合适的工具和设备，避免对电缆和周围环境造成不必要的损害。同时，注意保护电缆的重要部件，以便于后续的回收和再利用。

（3）安全管理和监控阶段。安全是拆除工作中的首要考虑因素。必须制定严格的安全措施和应急预案，对施工人员进行全面的安全培训，并在施工现场实施有效的安全监察。此外，拆除工作应在专人监护下进行，确保每一步骤都在严密的监控之下。在拆除带张力的软导线时，应特别小心，缓慢施放，以防突然断裂造成伤害。

（4）特殊情况下的拆除工作。在拆除盘、柜内的装置时，必须非常小心谨慎，避免误碰或误动其他运行中的带电部位。剪断电缆前，应与电缆走向图纸进行核对，确认电缆两头接线脱离无电后方可作业。此外，所有弃置的电缆头，除非有明确的短路接地标记，否则应一律视为有电，以确保安全。

2. 拆除作业重点注意事项

（1）拆除工作要按照临时用电组织设计和施工计划进行，遵循先拆远离带电设备的电缆，后拆靠近带电设备的电缆，先拆低压电缆，后拆高压电缆的原则，避免对带电设备和其他施工设备造成影响和干扰。

（2）拆除工作要采用合适的工具和设备，按照规范的操作方法进行，防止对拆除电缆和周围环境造成损坏和污染，同时注意保护拆除电缆的重要部件，便于后续的回收和利用。

（3）拆除工作要实施严格的安全管理，制定安全措施和应急预案，对施工人员进行安全培训和考核，对施工现场做好安全监察和管控，及时发现和处理可能出现的问题，防止发生事故和伤害。

3. 为落实现场安全管控，本次电缆拆除作业具体采取的措施

（1）完成方案前结合图纸对现场电缆进行摸排。

（2）拆除前制定详尽的施工计划。

（3）施工时对拆除部位委派专人进行监护。

（4）当拆除线缆时，应严格执行二次安措票。监护人认真负责，坚守岗位，不得擅离职守。必要时运维检修人员需到场监护。

（5）剪断废旧电缆前，应与电缆走向图纸核对相符，并确认电缆无电后方可作业。拆解盘、柜内二次电缆和剪断废旧电缆前，必须确定所拆电缆确实已退出运行，并有专人监护，监护人不得擅离职守。

（6）拆除有张力的软导线时应缓慢施放。

（7）拆装盘、柜等设备时，作业人员应动作轻慢，防止振动，与运行盘柜相连固定时，不应敲打盘柜。小母线应提前拆除与带电部分的连接，并确保盘柜拆除时不会触及导致对地短路。

（8）拆除盘、柜内的装置，应平稳进行，不得误碰、误动其他运行带电部位，必须提前做好安全措施。

（9）剪断电缆前，应与电缆走向图纸核对相符，并确认电缆两头接线脱离无电后方可作业。拆除旧电缆时应从一端开始，不得在中间切断或任意拖拉。

（10）弃置的动力电缆头、控制电缆头，除有短路接地外，应一律视为有电。

（11）在运行部门许可的范围内作业，与带电设备保持足够的安全距离。

（四）创新成果及亮点

本次电缆拆除工作量大，且临电作业多，华东送变电工程有限公司针对这一特点在拆除前对电缆走向进行详细摸排，确认拆除工作的安全性。

由于临电作业多，为防止临电电缆拆除工作影响运行设备，拆除过程中对现场拆除做好安全管控，委派专人进行监督。

拆除过程中做好与带电设备的安全隔离措施，防止误碰、误动运行中的带电设备。

（五）解析点评

本次临电电缆拆除工作体现了华东送变电工程有限公司对临电电缆拆除工作的安全重视，突出了本工作安全管理的高效、可靠，展示了安全管理的效果和水平，对公司的安全生产和技术创新有积极的推动作用。本次临电电缆拆除工作的创新成果及亮点，采取的防范措施以及施工方法等也为其他类似工程提供了借鉴和参考，有利于推广和应用，提升行业的安全管理水平和能力。

交流滤波器场拆卸工作的
安全管控

摘要： 本文介绍了南桥换流站改造工程中交流滤波场拆除工作的实施背景、目标和总体情况。拆除工作涉及内容多、施工风险高，因此安全管控至关重要。本文详细介绍了拆除工作的具体措施，通过 BIM 技术、智能化吊装设备和技术、循环经济理念等创新手段，成功克服了拆除工作的难点和重点，保证了拆除工作的安全和质量。这些创新成果为我国大型换流站的改造提供了有益的经验和示范。

（一）实施背景

本次南桥换流站改造需对交流滤波场区域的围栏内外设备和交流滤波器大组接地开关进行局部更换，并对交流滤波器小组进线 TA、交流滤波器小组进线接地开关、交流滤波器大组 TV、交流滤波器大组避雷器进行全部更换。交流滤波场拆除工作量极大，涉及内容多，施工风险高，设备种类繁杂、施工工序繁杂。因此做好拆除工作的安全管控尤为重要。

（二）目标

本次交流滤波场拆除工作的目标是实现交流滤波场设备的更新换代，提高换流站的运行可靠性和效率。在实施过程中，华东送变电工程有限公司保证了施工的安全和质量，压紧压实了各级安全责任，狠抓各项防范措施落实，坚决遏制各类违章，保障了交流滤波场拆除安全稳定局面。

（三）总体情况

交流滤波场是换流站的重要组成部分，主要功能是对交流侧的谐波进行滤除，提高电能质量，保护换流变压器和其他设备。交流滤波场由交流滤波器、交流滤波器小组进线 TA、交流滤波器小组进线接地开关、交流滤波器大组 PT、交流滤波器大组避雷器、交流滤波器大组接地开关等设备组成。

由于南桥换流站的交流滤波场设备已经运行多年，存在老化、损耗、故障等问题，影响了换流站的运行性能和安全性，因此需要进行全面的改造和更新。

本次改造工程的第一步就是对交流滤波场设备进行拆除，为后续的安装和调试提供空间和条件。

拆除工作的难点在于：交流滤波场设备数量多，种类繁，分布广，与其他设备相连。拆除过程中需注意不影响换流站的正常运行和其他作业面的同步施工，同时还要兼顾保证拆除设备的安全和完整，避免造成二次损坏和浪费。

拆除工作的重点在于：交流滤波器是交流滤波场的核心设备，其结构复杂，重量大，拆除难度大，需要采用专业的吊装设备和技术，按照严格的程序和要求进行，防止发生危险和事故。

1. 交流滤波场的重要性与拆除前的评估

交流滤波场在换流站中扮演着至关重要的角色，它通过滤除谐波来提高电能质量，保护换流变压器和其他关键设备。由于南桥换流站的交流滤波场设备已经运行多年，老化和损耗不可避免地影响了其性能和安全性。因此，进行全面的改造和更新是确保换流站可靠运行的必要步骤。

在拆除工作开始之前，必须对现有设备进行全面的评估。这包括对交流滤波器及其相关组件的检查，以确定它们的当前状态和拆除的优先级。评估结果将决定拆除工作的具体计划和方法。

2. 拆除工作的策略与执行

拆除工作的策略需要考虑到设备的数量、种类、分布以及与其他设备的连接。由于交流滤波器是核心设备，其结构复杂且重量大，拆除时需要特别注意。使用专业的吊装设备和技术，按照严格的程序和要求进行，可以最大限度地减少危险和事故的发生。

3. 安全措施与监督

在拆除过程中，安全是最重要的考虑因素。所有拆除工作都应在技术负责人的指导下进行，确保所有设备和设施在拆除前已经断电，并采取适当的安全措施。此外，应保持原有安全措施的完整性，防止因结构受力变化而发生破坏或倾倒。

4. 特殊情况下的拆除工作

在特殊情况下，如所站位置不稳固或在高处作业时，作业人员应系好安全带，并挂在牢固结构上。拆除有张力的软导线时，应缓慢施放，以防突然断裂造成伤害。剪断电缆前，应与电缆走向图纸进行核对，确认电缆两头接线脱离无电后方可作业。

5. 拆除后的处理与总结

拆除工作完成后，应对现场进行彻底的检查，确保所有电缆都已安全拆除，没有遗漏。同时，应对拆除过程中的安全措施和实际操作进行总结，以便在未来的工作中不断改进和完善。

6. 具体作业措施

（1）重要拆除工程应在技术负责人的指导下作业。

（2）确认被拆的设备或设施不带电，并做好安全措施。

（3）不得破坏原有安全措施的完整性。

（4）防止因结构受力变化而发生破坏或倾倒。

（5）拆除时，如所站位置不稳固或在 2m 以上的高处作业时，应系好安全带并挂在暂不拆除部分的牢固结构上。

（6）拆除有张力的软导线时应缓慢施放。

（7）剪断电缆前，应与电缆走向图纸核对相符，并确认电缆两头接线脱离无电后方可作业。拆除旧电缆时应从一端开始，不得在中间切断或任意拖拉。

（8）弃置的动力电缆头、控制电缆头，除有短路接地外，应一律视为有电。

（9）应在运行部门许可的范围内作业，与带电设备保持足够的安全距离。

（10）涉及动火拆除的，还应办理动火工作票，并在作业区域设置消防器材。

（11）拆除后的坑穴应填平或设围栏，拆除物应及时清理。

（四）创新成果及亮点

交流滤波场拆除工作中的创新成果及亮点有以下三点：

（1）利用 BIM 技术指导拆除工作，通过建立交流滤波场设备的三维模型，模拟拆除过程，优化拆除方案，提高拆除效率和质量。

（2）采用智能化的吊装设备和技术，通过设置吊装参数，实现对拆除设备的精准控制，避免对拆除设备和周围环境的损伤，同时提高拆除速度和安全性。

（3）实施循环经济的理念，对拆除设备进行分类和回收，对有价值的部件进行再利用，对无价值的部件进行无害化处理，减少拆除工作对环境的影响，节约资源和成本。

（五）解析点评

交流滤波场设备的拆除是改造工程的第一步也是关键步骤。本次拆除工作中，项目部通过利用 BIM 技术、智能化吊装设备和技术、循环经济理念等创新手段，克服了拆除工作的难点和重点，保证了拆除工作的安全和质量，为后续的安装和调试工作打下了坚实的基础。本次拆除工作的创新成果和亮点，为我国大型换流站的改造和更新提供了有益的经验和示范。

四

换流变压器牵引作业的
安全管控

摘要： 本文介绍了南桥换流站阀厅施工期间为规避存在的换流变压器阀侧套管损坏风险，项目部采取的创新措施——临时牵引换流变压器。在详细阐述换流变压器临时牵引过程中的安全管控措施后，对本次施工的成果和亮点进行了总结。通过制定科学合理的作业方案、加强作业人员培训、实施严格的现场监督和检查等措施，有效降低了施工风险，确保了换流变压器牵引施工的安全可控和高效进行。最后，对本次创新措施和安全管理制度的有效性进行了点评，强调了华东送变电工程有限公司对安全管理的重视和规范性。

（一）实施背景

南桥换流站阀厅施工期间，存在施工损伤换流变压器阀侧套管的风险，一旦发生阀侧套管损坏，将会影响换流变压器的正常运行，甚至导致换流变压器故障，造成电力供应中断，给电网安全稳定带来严重威胁。为了合理规避施工风险，保证现场安全生产平稳可靠，华东送变电工程有限公司高度重视这一问题，开展了多次专题讨论会议，邀请了相关专家和技术人员，对阀厅改造方案进行了深入的分析和评估。

经过多方的研究和比较，华东送变电工程有限公司最终决定采取一种创新的措施，即先将极1、极2区域共计6台换流变压器临时牵引退出基础，使其与阀厅内部的其他设备隔离，避免受到施工的影响。待改造结束后，再将这些换流变压器重新安装到原来的位置，恢复其功能。这样做既可以保证施工的安全，又可以减少施工风险，提高施工的效率和质量。

然而，换流变压器的临时牵引也是一项复杂的工程，涉及换流变压器的拆卸、移动、固定、连接等多个环节，需要进行严格的安全管控，防止发生意外事故。

（二）目标

本次极1、极2区域共计6台换流变压器牵引目标为：换流变压器牵引过程平稳、顺利牵引至指定位置，牵引过程中换流变压器及附件不发生任何碰撞，通过各种安全管控措施，保证施工过程作业风险"可控、能控、在控"，确保换流变压器牵引施工安全。

（三）总体情况

本次换流变压器牵引施工过程中，华东送变电工程有限公司高度重视施工安全，为保证施工过程安全可控，特地安排具有多年现场施工和安全管理经验的项目经理和专家共同指定安全管控措施。

1. 重点措施

（1）安排牵引需要使用专用的牵引车和吊装设备，按照严格的作业程序进行。

（2）牵引过程安排专人监护，要注意控制牵引车的速度和方向，避免换流变压器的晃动和偏移，保证换流变压器的平衡和稳定。

（3）制定科学合理的换流变压器牵引盘路作业方案，明确作业的目的、范围、步骤、要求、注意事项等，对作业的风险进行评估和分析，制定应急预案和措施，确保作业的可行性和安全性。

（4）对作业人员进行专业的培训和考核，提高作业人员的技能和素质，增强作业人员的安全意识和责任感，规范作业人员的行为和操作，确保作业人员的合格性和安全性。

（5）加强现场的监督和检查，对作业的进度、质量、安全等进行实时的跟踪和控制，发现问题及时进行处理和纠正，防止问题的扩大和恶化，确保作业的有效性和安全性。

（6）建立完善的安全管理制度和机制，明确安全管理的职责、权限、流程、标准等，建立安全管理的沟通、协调、反馈、考核等环节，形成安全管理的闭环，确保安全管理的规范性和安全性。

2. 具体作业举措

（1）设置专人指挥，指挥信号明确及时，作业人员不得擅自离岗。设专职安全监护人。

（2）用千斤顶顶升来安装或解除运输小车时，顶升位置必须符合产品说明书并置于预先埋设的供千斤顶顶升使用的基础预埋铁件位置；各千斤顶应均匀升降，确保本体支撑板受力均匀；千斤顶顶升和下降过程中换流变压器本体与基础间必须实施有效的垫层保护。各千斤顶应均匀缓慢下降，确保换流变压器本体就位平稳。

（3）牵引就位过程中，行走应平稳，运输轨道接缝处要采取有效措施，防止产生震动、卡阻。

（4）检查换流变压器的附件均安装牢固。

（5）设备、机械搬运，防止挤手压脚。

（6）牵引前作业人员应检查所有绳扣、滑轮及牵引设备，确认无误后，方可牵引。

（7）换流变压器顶升一定高度后，把平板滑车送入换流变压器底部规定位置，检查平板滑车平稳后方可落下换流变压器至平板滑车上。

（8）牵引过程中任何人不得在换流变压器前进范围内停留或走动。

（9）卷扬机操作人员应精神集中，要根据指挥人员的信号或手势进行操作，操作时应平稳匀速。

（10）就位时，作业人员应相互合作，服从指挥人员口令。

（四）创新成果及亮点

（1）换流变压器周边设备的拆除和保护。

在正式开始牵引工作之前，首先需要对换流变压器周边的设备进行拆除和保护。

拆除连接件：拆除换流变压器与周边设备之间的连接件，如管道、阀门和电缆等。拆除过程中对连接件进行标记和妥善保存，确保后续恢复安装时准确无误。

保护性隔离：对换流变压器周边的易损设备采取保护措施，如包裹防护垫或设置隔离屏障，防止在拆除和牵引过程中受到损坏。

紧固和加固：对换流变压器本体进行紧固和加固，使用钢结构框架或支撑装置进行固定，确保在牵引和移动过程中不会松动或变形。

防护措施：在换流变压器本体表面包裹防护材料，如橡胶垫或防护网，防止在牵引过程中受到外力撞击而损坏。

（2）轨道的设计、铺设及安全保障。

为了确保换流变压器牵引过程的顺利进行，需要设计并铺设合适的轨道，并采取相应的安全保障措施。

轨道设计和铺设：根据换流变压器的重量和尺寸选择合适的轨道类型，如钢轨或铝轨，确保轨道的承载能力和稳定性。

轨道铺设需严格按照施工规范进行，确保轨道的平整和稳固。

轨道接缝处需采取加固措施，防止在牵引过程中产生震动和卡阻。

轨道检查和维护：在牵引过程中，对轨道进行定期检查，确保没有松动、变形或其他异常情况。发现问题及时处理，防止事故发生。牵引完成后，对轨道进行维护，确保其长期稳定性和使用寿命。

（3）换流变压器牵引过程中的安全保障措施。

在换流变压器牵引过程中，安全保障是重中之重，需要采取多项措施确保整个过程的安全性。

使用专用设备：牵引过程中使用专用的牵引车和吊装设备，根据换流变压器的重量和尺寸选择适当的设备，确保牵引过程的平稳和安全。

控制牵引速度和方向：控制牵引车的速度，确保换流变压器的平稳移动，防止过快或过慢导致的晃动和不稳定。安排专人监护牵引方向，确保换流变压器按照预定路线移动，防止偏移和碰撞。

实时监控和应急预案：在牵引过程中，安排监控设备和专人实时监控牵引进度和安全情况，及时发现和处理问题。制定详细的应急预案，包括应急撤离方案和紧急停止措施，确保在突发情况下能够迅速反应，保障安全。

（4）换流变压器牵引过程的具体操作步骤。

指挥和监护：设置专人指挥，指挥信号明确及时，作业人员不得擅自离岗，设专职安全监护人。

千斤顶操作：用千斤顶顶升安装或解除运输小车时，顶升位置必须符合产品说明书，千斤顶应均匀升降，确保支撑板受力均匀，顶升和下降过程中须实施有效的垫层保护。

运输轨道：牵引就位过程中，行走应平稳，运输轨道接缝处要采取有效措施，防止震动和卡阻。

附件检查：检查换流变压器的附件是否安装牢固。

防止事故：防止设备、机械搬运时挤手压脚。

设备检查：牵引前检查所有绳扣、滑轮及牵引设备，确认无误后方可牵引。

滑车操作：换流变压器顶升至一定高度后，将平板滑车送入底部规定位置，检查平稳后方可落下换流变压器至平板滑车上。

安全范围：牵引过程中任何人不得在换流变压器前进范围内停留或走动。

卷扬机操作：卷扬机操作人员应精神集中，根据指挥人员信号操作，操作平稳匀速。

保护措施：千斤顶顶升和下降过程中需实施有效的垫层保护。

团队合作：就位时，作业人员应相互合作，服从指挥人员口令。

均匀下降：各千斤顶应均匀缓慢下降，确保换流变压器本体就位平稳。

（五）创新成果及亮点

（1）制定了科学合理的换流变压器牵引盘路作业方案，对作业的风险进行了评估和分析，制定了应急预案和措施，确保作业的可行性和安全性。

（2）对作业人员进行了专业的培训和考核，提高了作业人员的技能和素质，增强了作业人员的安全意识和责任感，规范了作业人员的行为和操作。

（3）加强了现场的监督和检查，对作业的进度、质量、安全等进行了实时的跟踪和控制，发现问题及时进行处理和纠正，防止问题的扩大和恶化。

（4）采取了有效的安全防护措施，对换流变压器及附件进行了有效的固定和保护，避免了与牵引车、吊装设备、阀厅结构等发生接触和冲突。

（5）进行了现场环境和设备的安全监测，评估了施工作业对环境的影响，检查了设备是否存在水分和漏电等方面的问题，在发现异常情况时及时处理。

（六）解析点评

本次阀厅施工本不涉及换流变压器牵引工作，但华东送变电工程有限公司仍高度重视本次工程，创造性地提出先将极1、极2区域共计6台换流变压器临时牵引退出基础，再对阀厅进行施工的方案，并在换流变压器牵引过程中全程保持高度重视，严格落实风险管控。整个作业过程体现了华东送变电工程有限公司对安全管理的严格要求，建立了完善的安全管理制度和机制，形成了安全管理的闭环，确保了安全管理的规范性和安全性。

项目部管理三级安全管控

摘要：在南桥工程中，面对时间紧迫、任务繁重的改造挑战，特别是对已运行 30 余年的老站进行复杂改造，项目部采取了多层次的安全管理措施以确保施工安全。工作内容繁杂且涉及高风险作业，要求各部门紧密配合，确保施工有序进行，保障工程质量和进度，同时确保施工人员的安全。为实现这一目标，项目部制定了公司级、项目部级和班组级的三级安全管控措施。南桥工程还通过引入先进的数字化技术和传统施工管理方法相结合，实现了施工管理的智能化和效率提升。南桥工程项目部在安全管理方面通过多级别、全方位的措施和创新管理手段，有效提升了施工安全水平和工程管理效率。

（一）实施背景

本次改造项目面临着时间紧迫、任务繁重的挑战，尤其是对已运行 30 余年的老站进行改造，改造情况异常复杂。工作内容繁多，涉及面广，加之人员分散且工作点杂乱，需要项目部加强安全管理和控制。由于涉及交叉作业，要求各部门之间紧密配合，确保施工安全有序进行。在这样的环境下，项目部必须采取有效措施，严格管理，确保工程进度和质量，保障施工人员的安全。

（二）目标

为规范和指导工程施工安全管理、文明施工及安全风险过程管控，必须明确各岗位职责，落实参建人员的安全责任。根据"安全制度执行标准化、安全设施标准化、个人防护用品标准化、现场布置标准化、作业行为规范化和环境影响最小化"的要求，公司级、项目部级和班组级三级安全管控共同协作，对本工程施工安全工作进行全方位细致的策划。

（三）总体情况

1. 三级管控责任界面

（1）公司级（企业层级）。

1）职责：公司级负责制定和完善全公司的安全管理制度和标准，确保各项目部严格执行安全规范。

2）内容：制定统一的安全管理政策和标准，确保项目部有明确的指导方针。组织全公司的安全教育培训，提高全员的安全意识和技能。定期审核和监督项目部的安全管理工作，确保其符合公司的安全要求。提供必要的资源和技术支持，协助项目部解决安全管理中的问题。

（2）项目部级。

1）职责：项目部级负责将公司制定的安全管理制度落实到具体项目中，全面策划和实施项目的安全管理工作。

2）内容：制定项目部的安全管理计划和实施细则，确保各项安全措施得到落实。预判重大作业风险，制定相应的风险预控措施，保障作业人员和设备财产的安全。建立健全安全管理制度，并确保其执行标准化，能在任何情况下都能有效应对安全挑战。配备符合标准的安全设施，为施工人员提供安全保障。提供标准化的个人防护用品，减少工人在施工过程中的安全风险。严格按照标准化要求进行现场布置，确保施工现场的安全性。规范作业行为，确保每个工作环节都符合安全规范。采取措施保护周边环境，实现环境影响的最小化。

（3）班组级。

1）职责：班组级负责具体施工过程中的安全管理，落实项目部的安全要求。

2）内容：组织班组成员参加安全教育和培训，确保每位成员了解并掌握安全操作规程。在班组内部进行安全技术交底，明确每个人的安全职责。监督和检查班组成员的作业行为，确保遵守安全操作规程。及时报告和处理施工过程中出现的安全隐患和事故。确保使用标准化的个人防护用品和安全设施，维护施工现场的安全秩序。采取措施减少施工对环境的影响，确保施工过程中对环境影响的最小化。

通过以上公司级、项目部级和班组级的三级安全管控，确保工程施工过程中的每个环节都符合安全管理要求，最终实现工程安全目标。

2. 开展情况

在南桥工程中，为了确保施工过程中的安全，项目部实施了一系列严格的安全管理措施，体现了公司级、项目部级和班组级的安全三级管理。首先，项目部建立了安全施工责任制，明确了各岗位人员的安全责任，确保每位工作人员对自己的行为负责。其次，通过定期的安全教育培训制度，提高了工人的安全意识和技能水平，从而在项目实施过程中培养了良好的安全行为习惯。

项目部还制定了严格的安全施工检查制度和安全工作例会制度，确保施工现场的安全检查和安全问题的及时沟通解决。针对特定的安全风险，如防火、防爆安全管理、施工机械及工器具安全管理、车辆交通安全管理等，项目部建立了相应的管理制度，有效防范和控制施工过程中的安全隐患。

此外，项目部积极推动安全文化建设，定期组织安全活动日和站班会，加强安全知识的宣传教育，营造了良好的安全氛围和施工秩序。在环境保护方面，项目部建立了环境保护管理制度，加强施工现场周边环境的保护和治理，最大限度地减少施工活动对环境的影响。

最后，项目部建立了安全奖惩制度和事件处理、统计报告制度，对安全工作进行有效激励和约束，确保安全问题能够及时处理和整改，进一步提升了施工现场的安全管理水平。

综上所述，南桥工程在安全管理方面通过多级别、全方位的措施和制度建设，有效保障了施工过程中的安全，为工程顺利进行提供了坚实的保障和支持。

（四）创新成果及亮点

创新管理手段是现代建筑工程管理的重要组成部分，通过引入先进的数字化技术与传统施工管理方法相结合，有效提升了工地管理的效率和质量控制水平。

首先，在人员管理方面，采用了人脸识别设备与通道闸机联动，实现了对工地人员出入的精准管控，同时确保了工作人员考勤情况的实时管理，有效避免了非工地人员的无关进出对施工进度和安全的潜在影响。

其次，在安全监管方面，利用先进科技手段对工地人员、施工过程、财产和设备操作等进行智能监控，及时发现并解决潜在的安全隐患，显著提升了施工安全水平。

进度管理方面，运用 BIM 引擎全面监控施工进度，及时分析和应对工程进度、延误情况以及提前完成情况，以确保工程按时高效完成。

办公管理方面，采用视频会议管理和在线工作审批等现代化工具，促进了工程管理人员之间的实时沟通和资料共享，大大提升了沟通效率，保障了项目管理工作的顺利进行。

通过这些创新管理手段，将数字化技术与建筑工程管理有机结合，有效提升了工地管理的智能化水平，为推动工程施工的安全和高效进行作出了重要贡献。

（五）解析点评

"安全第一，预防为主"是电力行业的基本方针，强调了安全在电力行业中的至关重要性。结合南桥工程的实际特点，所有工作都应以安全为中心展开，"安全生产，以人为本"是生产的基本原则，强调所有安全工作都应以保护人员的生命安全和身体健康为出发点和落脚点。南桥工程涉及高空作业和复杂电力设备安装，安全管理尤为重要。然而，电力施工中安全事故时有发生，主要原因是对安全重视不够，预防工作和安全措施未能认真落实。因此，南桥工程特别注重以下几点：

（1）安全责任制落实：明确各岗位人员的安全责任，确保每个人都对自己的行为负责，尤其是在高空作业和电力设备操作中。

（2）强化安全教育培训：定期进行安全教育培训，提高工人的安全意识和技能水平，特别是针对高空作业和电气操作的专项培训。

（3）严格安全检查：项目部定期进行现场安全检查，及时发现并整改安全隐患，特别对高风险作业区域进行重点监控。

（4）建设安全文化：设立安全活动日和站班会，定期组织安全宣传教育活动，增强全体施工人员的安全意识，改变习惯性违章行为。

（5）构建良好安全氛围：通过各种形式的安全教育和培训，营造重视安全的工作氛围，使每个工人自觉遵守安全操作规程。

（6）落实具体安全措施：制定和落实详细的安全措施，特别是针对高空作业和电力设备安装的特殊安全措施，确保每项措施具体落实到每个施工环节。

通过以上措施，南桥工程项目部对施工现场的安全管理进行了深入探讨和总结，并强力实施，以确保安全生产，有效控制安全事故的发生，保障工程顺利进行。

六

调试介入二次缆线拆除中
的安全管控

摘要： 本次改造任务紧迫，涉及大量工作，主要改造区域包括阀厅、直流场、交流滤波场等设备，这些设备的更新将确保站点的长期稳定运行。改造过程中不仅关注设备更新，还考虑了设备维护和切换回路等问题，确保改造措施顺利实施并在未来运行中提供可靠支持。改造涉及极Ⅰ停电工作，特别是水冷系统和关联二次回路的拆除顺序。调试人员介入二次缆线拆除，项目部通过详细的规划和预演、先进技术的应用以及团队协作，确保了二次缆线拆除的安全和高效。

（一）实施背景

本次改造任务紧迫，工作量巨大，各项任务交错进行，尤其是针对已经运行30多年的老站，历经多次改造，改造情况相当复杂。工程的重点是对阀厅、直流场、直流滤波场、交流滤波场、直流控保等区域的设备进行改造。这些设备的更新和改进将为站点的长期稳定运行提供重要保障，确保其在未来能够继续发挥重要作用。

（二）目标

在改造过程中，不仅需着眼于设备更新，还需深入考虑改造后的设备维护和切换回路等方面。施工项目部通过精心规划，确保了这些改造措施得以顺利实施，并为将来的运行提供可靠的支持。在维护方面，特别关注设备的易用性、可维护性和维修效率，以确保在需要时能够迅速进行维护和修复，最大限度地减少停机时间。

此外，重点关注切换回路的设计和测试，以确保在必要时能够平稳、可靠地切换至备用系统，保障站点的持续运行。这些维护和切换措施的考虑不仅是为了改造工程的顺利进行，更是为了确保站点在未来能够稳定高效地运行，提升设备的可靠性和持续性。

（三）总体情况

本次改造涉及极为重要的停电工作，特别是首先要进行的是极Ⅰ的停电。

考虑到极Ⅰ涉及水冷系统等公共设施，这部分改造必须优先进行，以确保后续与极Ⅱ相关的改造能够顺利进行。在拆除极Ⅰ阀冷设备时，尤其需要注意极Ⅰ与极Ⅱ之间的相关联二次回路的拆除顺序，否则可能误将停机的水冷设备与极Ⅱ相关联，从而影响极Ⅱ的正常运行。值得注意的是，这些关联二次回路仅存在于旧的阀冷设备中，而现代国内的新型阀冷设备已经不再使用此类设计，因此新设备的独立性较强。

为了确保改造过程安全顺利，施工项目部在极Ⅰ和极Ⅱ停电的先后顺序中，将依次进行阀厅阀主体一次设备及刀闸的拆除改造。此外，还会对二次相关的旧回路光缆和二次电缆进行核对和拆除，并进行必要的改造。在极Ⅰ直流场光缆和尾纤的拆除过程中，也必须充分考虑极Ⅰ与极Ⅱ控制及保护之间的关联关系，确保拆除顺序正确，以避免影响极Ⅱ的正常运行。这需要精确的核对和多次确认，以保证操作的准确性和安全性。

在停电期间，除了极Ⅰ和极Ⅱ的停电外，还需处理进线开关以及交流滤波场的进线开关。特别是涉及220kV交流母差回路的拆线和恢复调试，这一过程风险极高，因为任何问题都可能导致整个站内的220kV线路跳闸。因此，在整个改造过程中，操作人员需进行彻底的回路检查，特别是在最后的接入阶段和传动实验过程中，以防误操作导致其他设备跳闸。必须提前制定详细的220kV交流母线保护拆线方案和隔离措施，以确保220kV交流场的设备安全运行，并编写核对恢复调试方案，保证实验过程的安全性。

在改造过程中，施工人员还需完成拆除旧屏并安装新屏柜的任务。由于旧屏连接着各处设备的电缆和光缆，这些线缆与现有设备密切相关。因此，在进行拆除工作前，必须详细摸排整个布线，制定确保改造过程安全、顺利进行的详细计划，包括拆除设备、改造设备以及二次电缆的拆除顺序和方法。只有在充分了解线缆布局和设备关联情况后，才能安全有效地进行拆除工作，以确保不影响现有系统的正常运行。

这些严谨的计划和准备工作是本次改造工程成功的关键所在。

（四）创新成果及亮点

在进行调试介入二次缆线拆除的安全管控中，创新的成果和亮点主要体现在以下几个方面：

（1）详细的规划和预演：在拆除二次缆线之前，进行了详尽的规划和预演。这不仅包括了拆除顺序和方法，还包括了可能遇到的各种风险和应对措施的制定。通过提前的规划，能够有效地降低拆除过程中的意外风险。

（2）先进的技术应用：采用了先进的技术设备和工具，以支持二次缆线的安全拆除。例如，使用高精度的电缆识别和定位设备，确保在拆除过程中精准操作，避免误操作和事故发生。

（3）精确的操作控制：通过精确的操作控制措施，例如设立严格的作业流程和操作标准，确保每一步都按照预定的程序进行。操作人员接受了专门的培训和认证，以保证他们能够胜任复杂的拆除任务。

（4）实时监控和反馈机制：在拆除过程中可能设立了实时监控和反馈机制，以便实时掌握操作现场的情况。这种机制能够快速发现潜在的问题并采取紧急措施，以最大限度地保护设备和人员安全。

（5）团队协作和沟通：强调团队协作和良好的沟通，确保各个部门和团队之间的信息共享和协调。这种协作能够确保所有操作人员都了解整个拆除过程的重点和关键环节，从而减少因信息不畅导致的错误。

总体而言，通过创新的安全管控措施和技术应用，调试介入二次缆线拆除过程能够更加安全高效地进行。这不仅提升了工作的执行效率，还显著降低了潜在的安全风险，为类似工程的成功实施树立了良好的安全标杆。

（五）解析点评

在改造计划中，考虑了每个区域的工作特点和设备的重要性，制定了详细的工作流程和时间安排。针对每个环节，现场提前准备好所需材料和工具，确保改造工作能够顺利进行。同时，配备了经验丰富的技术人员，他们具备专业的知识和技能，能够高效地完成改造任务。

在改造过程中，项目部非常注重按照停电计划有序进行工作，以确保各个环节的协调配合。通过提前规划和准备，能够在合适的时间对不同部分进行改造，最大限度地减少停电对系统运行的影响。采取了科学的方案和措施，确保改造工作的高效进行，并保障了设备的正常运行。

为了进一步确保安全，项目部还制定了详细的调试试验安全举措。在每次调试前，技术人员会对所有设备进行全面的检查，确保所有设备处于良好的工作状态。调试过程中，严格执行安全操作规程，设立安全监控岗位，实时监控调试进展，及时处理可能出现的问题。对每项调试工作，均安排了应急预案，以应对可能的突发情况。调试完成后，进行全面的安全评估，确保系统的稳定和安全运行。

七

底部跨电缆沟施工方法

摘要：南桥换流站的电缆沟改造项目因沟内电缆已满和部分电缆老化而面临严峻挑战，无法继续敷设新电缆。项目部通过多次专项会议、现场勘察和计算，与业主、设计方充分协商后，决定增设新的电缆沟以解决问题。这一决策不仅确保了施工安全和工期，还高质量完成了电缆沟的作业，采用了诸如重新布线和优化电缆排列等创新手段。项目团队的专业知识和努力在解决难题中起到关键作用，为未来类似工程提供了宝贵经验和指导。

（一）实施背景

南桥换流站的电缆沟因经历多次改造，已经填满了电缆，无法再敷设新的电缆。此外，一些旧电缆已经老化，继续敷设新电缆必然会对原有电缆造成损害。这是一个极具挑战性的问题，施工项目部经过几次专项会议，组织专家和技术人员对现场进行勘察和计算，经过业主、设计和项目部的共同商讨，制定了适合现场的可行性方案。在保证安全和工期的前提下，成功解决了这个问题，并且高质量地完成了电缆沟的作业。这个方案可能涉及采取各种创新手段，如重新布线、优化电缆排列等。项目部的努力和专业知识的发挥在解决这一棘手问题中起到了关键作用，确保了工程的顺利进行和高质量完成。

（二）目标

在南桥改造工程的施工过程中，施工项目部以多方面的方式保证了施工作业的高质量。其中，队伍建设是至关重要的一环。施工项目部加强了质量管理人员、验收人员和施工人员的队伍建设，明确了职责，增强了作业人员的质量意识和作业行为，通过考核成绩来激励队员。采取了全面、多角度、多方式地进行质量队伍建设，以确保施工队伍的整体素质和执行力。

另外，华东送变电工程有限公司严格按照国家电网有限公司的标准工艺体系进行工艺过程管理。参考"工艺标准库""典型施工方法""标准工艺设计图集"等标准，对施工过程进行严格管控。在项目部的各个阶段，开展标准工艺清单的施工交底，督促分包单位严格按照标准工艺施工。对重点工序和重要环节进行现场督查，对一般作业进行抽查，确保标准工艺清单的有效执行。

在公司层面深化各个分公司之间的合作，合理安排各个工序之间的协同合作，以提高施工效率和质量。借助创新技术和思维，助力施工全过程作业。通过引入新技术、新方法，不断提升施工效率，优化工艺流程，降低施工成本，提高工程质量。

总的来说，华东送变电工程有限公司在南桥改造工程的施工过程中，通过加强队伍建设、深入协同合作、提高标准工艺和创新指导施工的方式，确保了施工作业的高质量。这些举措不仅提高了工程效率，还为后续设备安装和运行打下了坚实基础，为南桥换流站的改造工程注入了新的活力。

（三）总体情况

南桥换流站经历多次改造，电缆沟内已经堆满了电缆，形成了拥挤局面。在本次改造中，面临着无法在满沟的情况下再放置新的电缆的问题。考虑到老旧电缆脆弱，继续在已满沟的情况下放置新电缆将对原有电缆造成损坏，影响工程安全。

为了解决这一问题，经过项目部几场专项会议、多次现场勘察与计算，业主、设计及项目部共同商讨决定，最终决定增设新的电缆沟，放弃使用老旧电缆沟。这一决策不仅确保了老旧电缆施工的安全性，减少了施工难度，还提高了电缆敷设的速度，减少了二次敷设对运行设备的影响，为后续交流滤波场设备安装奠定了良好基础。

在增设新电缆沟引入了 BIM 技术指导施工、技术交底等措施，以确保施工质量。借助 BIM 技术，能够在虚拟环境中进行施工规划和模拟，及早发现和解决潜在问题，显著提升了工程管理水平。通过精细的虚拟模拟，优化了电缆布局，确保每一根电缆的位置和布线路径都经过精确计算和验证，从而最大限度地减少施工中可能出现的问题和延误。

通过增设新电缆沟、利用 BIM 技术指导施工和技术交底等措施，成功地解决了电缆施工过程中的难题，确保了施工的安全性和高质量。这些举措不仅提升了工程效率，还为后续设备安装和运行打下了坚实基础，为南桥换流站的改造工程注入了新的活力。

此外，新电缆沟的建设也为未来的系统维护和扩展提供了更灵活的空间和可能性。在新电缆沟的基础上，可以更加便捷地进行设备更新和替换，降低未来维护的成本和风险。这种长远考虑不仅体现了项目团队的专业性和责任感，也为南桥换流站未来的发展留下了可持续的基础。

（四）创新成果及亮点

通过新建电缆沟，不仅成功解决了原有电缆沟容量不足的问题，还有效避免了对老化电缆的进一步损坏，从而显著提升了工程的安全性和可持续性。这一决策不仅解决了当前的技术挑战，还对未来类似工程提供了宝贵的经验教训。

在实施新电缆沟的过程中，特别关注到了老电缆的下穿问题。通过精心设计的施工方案，避免了对现有老电缆的任何干扰和损坏，确保了整体工程的稳定性和可持续性。这种综合考虑现有设施的方法，不仅提高了工程的施工效率，还在实践中验证了团队成员创造性思维和解决问题的能力。

在面对工期紧张的挑战时，项目部决定优先施工电缆沟，以便电气专业能够尽早进场施工。然而，面临另一个技术难题：电缆沟底与支架基础底距离相近，很多地方二者几乎紧贴在一起，而且基坑已经整体开挖完成。为了克服这一难题，项目部采取了加厚垫层的措施，这样一来，就避免了等待土方回填的时间，可以直接进行电缆沟的施工。这种灵活的解决方案不仅确保了施工进度的顺利推进，同时也维持了工程质量的高标准，为项目的成功实施提供了坚实的支持。

通过这些创新和挑战的解决，不仅完成了滤波场改造电缆敷设这一庞大工作，还为未来类似工程提供了有价值的实践经验。这次经验丰富的交流和合作，不仅增强了团队的凝聚力和协作效率，也为项目的顺利进行打下了坚实的基础。

（五）解析点评

在处理老旧电缆和施工现场复杂条件的挑战中，项目团队展现了出色的解决能力和协作精神。这些经验不仅适用于电力系统的现代化改造，也为未来华送超高压换流站及其他类似工程提供了重要的技术支持和管理指导。南桥换流站改造项目不仅是对电力设施的升级，更是对电力行业发展的积极贡献，为其注入了新的活力和动力。这种全面提升的效果不仅局限于当前项目的成功，更为未来电力基础设施建设奠定了可靠的基础。

工程进度的优化管理

摘要：南桥换流站设备综合改造工程于 2022 年 9 月启动，历时 9 个月，于 2023 年 6 月竣工。工程内容包括换流阀、直流滤波器、主变压器等核心设备的更新换代，以及相关土建、电气、自动化等配套工程。换流阀的改造涉及阀塔拆除、阀厅加固、新阀安装与调试三个步骤，每一步都是一次挑战。此次工程不仅是对核心设备进行更新换代，还首次应用了 CLCC 混合型换流阀。正因如此，在安装过程中，没有任何现成的经验可供参考。为了克服重重困难，项目部精心组织、科学施工，采取了一系列措施，确保工程安全、优质、高效完成。

（一）实施背景

南桥换流站是国家电网有限公司系统内首次开展的超高压换流站大规模改造，也是 CLCC（可控换相）混合型换流阀在国内的首次应用。该工程意义重大，肩负着为我国电力行业验证直流新技术的重要使命。

为满足上海迎峰度冬期间的用电需求，南桥换流站设备综合改造工程采取"先单极停电、后双极停电"的方案，完整工期 2022 年 11 月 13 日～2023 年 6 月 10 日，需对整站阀厅、交流场、直流场、各土建基础完成翻新重建，进度工期时间之紧、工程难度之大，在换流站施工中前所未见；为了挑战这一"不可能"任务，项目部从组织、管理、技术等多方面措施入手，对南桥项目现场进行进度管控。

（二）目标

本次改造分三个阶段施工：

不停电作业阶段（2022 年 9 月～2022 年 11 月）：主要进行土建施工、设备准备等工作。

极 I 停电阶段（2022 年 11 月～2023 年 2 月）：更换极 I 换流阀。

双极停电阶段（2023 年 2 月～2023 年 6 月）：更换极 II 换流阀。

这种"边改造边运行"的方式不仅大幅提升了工程建设难度，也对施工进度及现场管控提出了更高要求。项目部克服了种种困难，最终圆满完成了改造任务，实现了"保电、保工期、保质量"的目标。

（三）总体情况

1. 精心组织：成立精干的项目团队，明确责任分工，加强现场管理

（1）建立全面管理的组织体系，明确项目经理为进度管理第一责任人，各施工单位负责人为本单位进度管理责任人。

（2）分部分项落实工期目标和责任人，形成责任链条。

（3）编制详细的项目进度控制计划和工作流程，明确各施工环节的时间节点和目标要求。

（4）实行项目部例会制度，每周召开进度碰头会，对进度目标进行动态控制管理，及时解决施工中遇到的问题。

（5）提前预控关键路径上的各项工作，对可能影响进度的风险因素进行分析，制定预案，确保项目顺利进行。

（6）落实各层管理思想、方法和手段，加强对施工现场的管控。

（7）从分包合同承发包模式、合同条款、风险管理等方面进行统一有效管理，确保项目进度。

（8）对各施工阶段编辑详尽的施工网络计划及横道图，直观反映项目进度情况，为施工指导提供依据。

南桥换流站甘特图规划见图 2-8-1。

图 2-8-1　南桥换流站甘特图规划（一）

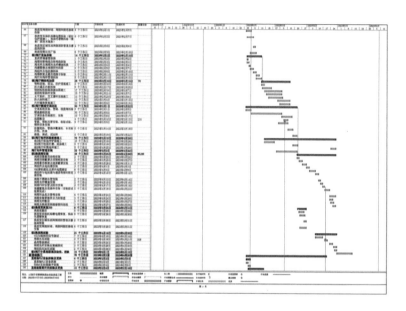

图 2-8-1　南桥换流站甘特图规划（二）

2. 精细化管控：确保项目进度与资源

（1）编制详细的进度与资源配置需求计划，提前预想资金、人力、物资需求，确保项目资源供给，确保项目总体进度。

（2）对分包及现场人员采取激励措施，奖罚分明，调动工作积极性和创造性。

3. 科学施工：制定详细的施工方案，优化施工流程，采用先进的施工技术

（1）从施工组织设计、施工方法、施工工艺等环节入手，优化施工方案，提高施工效率。

（2）对阀厅施工等关键路径上的工序，通过专家组讨论的方式，进行细致的二级网络计划优化，最大可能缩短工期，优化工序，凸显施工时效性。

（3）采用流水节拍施工，将施工过程分解成若干工序，各工序之间相互衔接，减少窝工现象。

（4）组建专业队伍，负责专项工作，提高人员利用率和工作效率。

（5）积极采用新技术、新工艺，缩短施工周期；阀塔拆装过程采用 BIM 动画进行全过程模拟（见图 2-8-2），运用三维动画技术对班组进行可视化技术交底及安全交底；大幅提高作业人员效率。

图 2-8-2　南桥换流站阀厅施工 BIM 动画模拟图

（四）创新成果及亮点

1. 阀塔整体拆除进度优化

南桥换流站极 1、极 2 阀厅的阀塔拆除工作是该改造工程中的一项挑战，也是南桥施工的关键路径。阀塔于 1986 年由西门子公司生产，拆除过程中缺乏厂家产品技术资料，且没有安装或拆除的参考资料，增加了按时完成的工作难度。

项目技术人员进行了多次的现场勘察，深入研究了阀塔的结构特点和拆除难点。通过这些勘察，团队制定了一个高效的阀塔拆除方案，决定采用 4 只 5t 电动葫芦，这些葫芦悬挂在阀塔上方四个角的横向 800～1000mm 的钢梁上，以实现单层、双层或三层的整体拆除。这种方法不仅提高了拆除的安全性，也大大提高了拆除效率。

在具体执行拆除工作时，项目部技术人员充分利用了停电期间，多次登上阀厅的登高车，实地研究和精确选择了吊点位置，确保了拆除过程的精确性和高效性。通过精细的规划和实地勘察，项目团队确定了只能进行单层或 2～3 层的整体拆除，排除了更耗时的单层原件分解拆除方法。

当第一层阀塔成功降落并称重为 2.5t 时，不仅证实了拆除方案的可行性，也给现场技术人员和施工人员带来了信心。基于这次成功的经验，项目部调整了拆除方案，决定采用 2～3 层的整体吊装拆除方法，这一策略大幅提高了拆除速度，节约了大量时间，为后续的阀厅钢结构加固工作赢得了宝贵的时间。

通过以上多种措施的协同应用，极大提高了阀厅拆除效率，为阀厅施工时间达标争取了时间。

2. 直流滤波场安装进度管控

直流滤波器场的建设是直流输电系统中不可或缺的一环，其主要功能是滤除系统中的高频杂波，确保电能传输的质量和稳定性。原计划于 2023 年 1 月 27 日完成直流滤波器场的所有施工任务，然而通过对土建施工工期的精细控制、电气设备支架和电气设备的优先供货，以及项目团队的高效协作，极 1 直流滤波器的电气设备安装工作于 2023 年 1 月 18 日就已全部完成，比原计划提前了 9 天。

这一成就的取得，得益于项目管理团队对于土建施工技术细节的精心策划、对供货进度的严格控制以及对安装流程的细致安排。土建施工阶段是直流滤波器场建设的基础和前提。在这一阶段，项目管理团队采取了一系列创新措施和技术手段，以确保工程质量的同时加快施工进度。

首先，通过采用 BIM 技术进行施工模拟和冲突检测，提前发现并解决设计与施工之间的潜在矛盾，避免了施工过程中的返工和延误。其次，团队引入了快速固化混凝土和模块化预制构件，这些技术不仅提高了施工效率，也保证了构件安装的精准度和质量。此外，项目还实行了 24h 轮班制度，合理安排工作时间，确保了施工的连续性和高效性。

在电气设备支架及电气设备的供货方面，项目管理团队与供应商进行了紧密的协作，确保了材料供应的质量和及时性。针对直流滤波器电气设备的特殊要求，项目部提前与供应商沟通，明确了供货规范和技术参数，同时建立了严格的质量控制体系，从源头上保证了设备的性能和可靠性。

在支架和设备运输过程中，项目团队采用了 GPS 定位和实时监控系统，对运输车辆进行全程跟踪，确保了物资的安全、准时到达施工现场。设备安装阶段，项目管理团队制定了详细的安装计划和质量控制程序，运用 BIM 技术对现场情况及安装工序进行全过程模拟；在安装初期阶段，对设备基础、电缆构支架及设备进行精准定位复测，确保了直流滤波器的安装一次到位；同时，调试团队采用提前介入的方式，在一次安装阶段提前介入，积极与土建施工、一次安装施工等劳务队伍进行配合协调，对施工场地布置及工序提出各项优化建议，为最后调试工作一次性到位及收尾争取了时间；通过合理的资源调配，技术创新及管理组织措施，直流滤波器场从土建施工、设备供货和到最后安装工作都得以高效、顺利地进行，比原计划提前 9 天完成全部工作，为项目顺利进行争取了时间，为未来类似项目的建设提供了参考和借鉴。

（五）解析点评

南桥换流站设备综合改造工程在面对超高压换流站大规模改造的挑战时，通过精心组织、精细化管控和科学施工等多方面措施，实现进度优化和管理效率的提升。南桥项目通过成立专责的项目团队，明确责任分工，加强现场管理，建立了全面而有效的组织体系，确保了工程按时按质完成。

特别是在阀厅拆除等项目键路径上，项目部采用了创新的拆除方案，如利用电动葫芦实现阀塔的整体拆除，还通过精确的现场勘察和技术规划，大幅提高了拆除效率和安全性。此外，项目部通过编制详尽的施工网络计划及横道图，实行进度动态控制管理，以及积极采用新技术、新工艺，如 BIM 动画模拟，不仅提升了施工效率，也为施工安全和质量提供了有力保障。

关于极 1 阀厅设备进场、施工、调试等作业协调管理

摘要：葛南直流工程极 1 直流系统于 1989 年 9 月 19 日投运，极 2 直流系统于 1990 年 8 月 20 日投运，双极换流阀及阀控设备为西门子公司生产制造。本次改造对阀内外水冷同时改造，对阀内水冷系统进行整体改造，将水冷系统控制屏与主泵、水管等分开布置，为内冷主泵建立专门的运行平台。同时，对阀外冷水系统进行整体设备更换改造，所有阀冷系统需在原阀冷设备间和原有冷却塔基础上改造。此外，对双极换流阀进行更换，改造后换流阀仍采用空气绝缘、纯水冷却、悬吊式四重阀，阀片采用晶闸管和 IGBT 混合阀（即 CLCC 换流阀）。本文重点介绍在改造过程中设备厂家、施工、调试的相互协调工作。

1. 拆除及安装工程量概况

阀塔主要包括阀模块、底屏蔽罩、悬吊绝缘子、导电母排、水冷管路、光纤、阀避雷器等，相关拆除及安装工程量见表 2-9-1。

表 2-9-1　　　　　　　　　　拆除及安装工程量表

序号	名　　称	单位	数量
1	双极换流阀拆除	套	6
2	双极 CLCC 换流阀安装	套	6
3	四重阀中的单阀数目	个	4
4	每极四重阀数目	个	3
5	每极换流阀的单阀数目	个	12
6	每个单阀中的阀模块数目	个	4
7	四重阀塔层数	层	8
8	每个四重阀中的阀避雷器数目	只	8

（1）技术准备。

1）施工前必须向安装、试验人员进行技术、安全的交底，并做好交底记

录。升降平台车、电动葫芦、行车指定专人练习操作，并取得相关资质证书。为施工人员配置专用工作服、工作鞋。

2）换流阀设备施工负责人组织安装人员学习老换流阀设备拆除施工流程、安全注意事项、CLCC换流阀设备和各安装附件的安装说明书、安装规范。

3）换流阀设备试验负责人组织试验人员学习换流阀设备合同、出厂试验报告和交接试验规程。

4）换流阀拆除前对现场进行再次踏勘，确认拆除施工流程及安全措施。

5）安装前应对设备主接线回路正确性进行核实，确保施工过程中设备安装与主接线图一致。

（2）场地准备。因换流阀安装对施工环境要求较高，故需阀厅土建施工完毕进行了全封闭后并经过业主、监理、电气安装单位验收后方可进行施工安装，换流阀安装时阀厅应满足以下要求：

1）阀厅内的地坪、屏蔽接地、电缆沟及盖板等设施已经完善。

2）阀厅（门、穿墙套管入口）已密封和无尘，使用彩钢夹心板，达到产品要求的清洁标准。

3）阀厅通风和空调系统投入使用，厅内保持微正压，温度在16～25℃为宜，相对湿度不大于50%。

4）阀悬挂结构以上的工作，光纤、电缆通道等都已完成。

5）阀冷却系统已经安装完成，主管道水压试验经过验收并试运行。

6）阀塔悬挂结构安装调整完毕（顶部钢梁）并已接地。

7）阀厅四周无爆炸危险、无腐蚀性气体及导电尘埃、无严重霉菌、无剧烈振动冲击源，有防尘及防静电措施。

8）施工及照明电源稳定并有配置备用电源及应急照明。

（3）人员准备。现场配置工作负责人1名，安全员1名，管道安装工5名，电气安装工10名，焊工1名，起重指挥1名，辅助工5名，厂家技术服务人员4名，满足现场施工人力需求。

（4）机具及材料准备。合理优化机械资源配置，避免造成台班浪费，同时检查确保施工机械、工器具、材料规格、型号、数量满足施工要求。

（5）土建交接验收。

1）土建成品交接验收由业主项目部组织，土建单位和电气单位的技术人员、质检员等参加。

2）按照施工图上所标示的尺寸，测量钢结构吊耳位置，比较实际测量的数值与施工图上所标示的数值，核对计算数值是否在规范允许的偏差范围内，保证系统与轴线之间的平行度和垂直度。

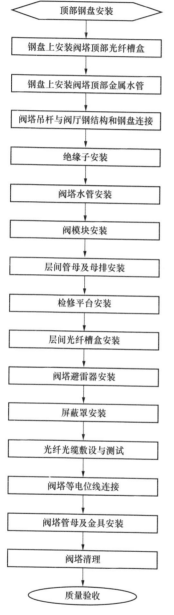

图 2-9-1　换流阀安装施工流程图

3）安装阀塔之前阀厅内基建应已完成。如果需要完成小型基建工作，应在专设场地进行，以最大限度减少阀塔上积灰。

4）在换流阀阀塔安装开始前，阀供货商参与阀厅的验收和工作环境评测，确认是否满足换流阀施工要求。

5）阀内冷系统（不含换流阀）已进行管道清洗，满足与换流阀水冷系统对接的条件。

6）阀厅底部主光纤桥架已安装到位，并在阀供货商参与下完成安装质量检验，转弯半径满足要求，不得有毛刺和尖角。

7）阀厅顶部钢梁结构已完成彻底清扫和清洁，不能有遗漏的金属件、工具等杂物，以防在后期换流阀施工过程中掉落造成事故。

8）阀塔安装过程中，阀厅内应禁止吸烟或进食，但允许饮水，如果需要的话，在阀厅入口处应设清扫工具。如有可能，工作人员应穿戴鞋套、经过小门进入阀厅。

9）阀厅应保持干净整洁，不应作为设备存放区，应限制阀厅内木箱数量以防止火灾隐患。

10）交接验收过程中需拍摄合格的数码照片，验收合格后办理土建成品交接手续。

2. 施工流程

换流阀安装施工流程图见图 2-9-1。

其中重、难点施工工序包括顶部钢盘安装、阀塔绝缘子安装、阀塔避雷器安装、光纤光缆敷设与测试、阀塔管母及金具安装。

（1）顶部钢盘安装。按照厂家图纸 CVA_MVU_FR_AS_5003 的要求把钢盘组装在一起。按照图纸要求调整需要保证的孔间距。钢盘示意图及组装螺钉示意图见图 2-9-2。

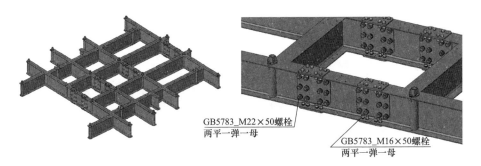

图 2-9-2　钢盘示意图及组装螺钉示意图

M22 螺栓拧紧力矩 400Nm，M16 螺栓拧紧力矩 140Nm。

钢盘螺杆吊座按照图 2-9-3 位置方向安装。吊座法兰面与钢盘贴平。钢盘螺杆吊座安装螺钉见图 2-9-4。

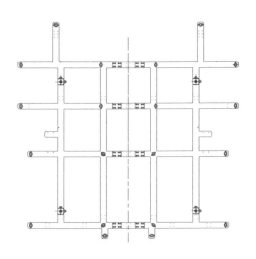

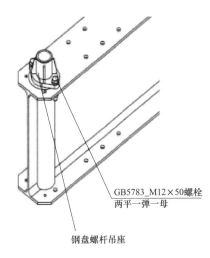

图 2-9-3　钢盘螺杆吊座位置　　　图 2-9-4　钢盘螺杆吊座安装螺钉

M12 螺栓拧紧力矩 60Nm。

（2）阀塔绝缘子安装。绝缘子与金具安装时，绝缘子螺纹与金具螺纹配合时，使用绝缘子轴肩定位，后续安装模块过程中，如有必要可旋转绝缘子进行长度方向微调，旋转角度小于 180°。

按照一层绝缘杆一层模块的方式安装。先安装第一层绝缘杆，见图 2-9-5 和图 2-9-6。

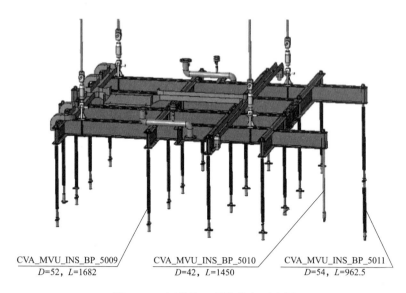

CVA_MVU_INS_BP_5009
D=52，L=1682

CVA_MVU_INS_BP_5010
D=42，L=1450

CVA_MVU_INS_BP_5011
D=54，L=962.5

图 2-9-5　阀塔第一层绝缘杆示意图

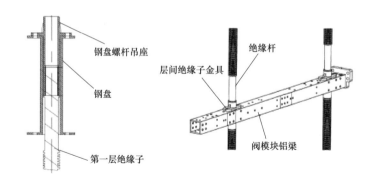

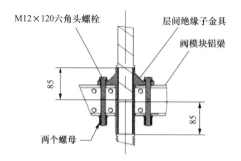

图 2-9-6　阀塔第一层绝缘杆示意图

层间绝缘子金具与阀模块铝梁连接使用 M12×120 六角头螺栓,下面安装两个螺母,靠近铝梁第一个螺母拧紧力矩 15Nm,第二个螺母拧紧力矩 60Nm。绝缘杆与避雷器连接图见图 2-9-7 和图 2-9-8。

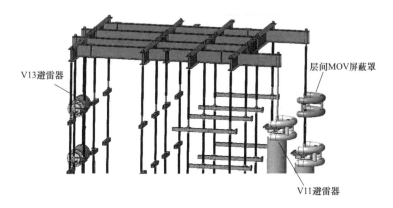

图 2-9-7 绝缘杆与避雷器连接图

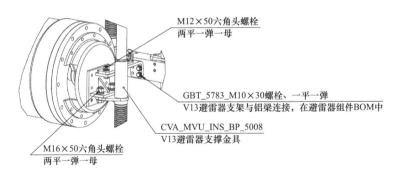

图 2-9-8 绝缘杆与 V13 避雷器连接图

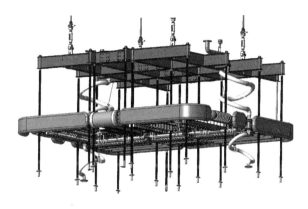

图 2-9-9 阀塔第二层绝缘子示意图

第二层到第八层安装层间绝缘子 CVA_MVU_INS_BP_5002，安装方式参照第一层（见图 2-9-9）。完成第八层模块安装后，安装底层绝缘子（见图 2-9-10）。阀塔底层绝缘子与底屏蔽罩连接示意图见图 2-9-11。

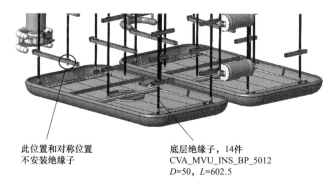

此位置和对称位置
不安装绝缘子

底层绝缘子，14件
CVA_MVU_INS_BP_5012
$D=50$，$L=602.5$

图 2-9-10　阀塔底层绝缘子示意图

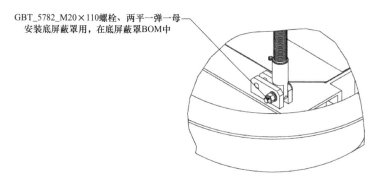

GBT_5782_M20×110螺栓、两平一弹一母
安装底屏蔽罩用，在底屏蔽罩BOM中

图 2-9-11　阀塔底层绝缘子与底屏蔽罩连接示意图

（3）阀塔避雷器安装。阀塔有 4 种避雷器安装：

1）V12 避雷器在组装模块的时候已经和模块组装在一起。

2）V14 避雷器安装在 V14 绝缘梁上（见图 2-9-12）。

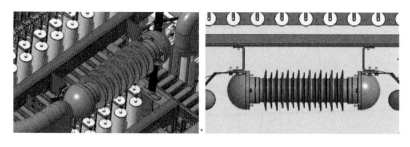

图 2-9-12　V14 避雷器安装

3）V13 避雷器在每层安装完成后，安装在避雷器吊杆上，并与 V13 铝梁连接。

4）V11 避雷器有 4 个，位置如图 2-9-12 所示，其中 A 在第 3 层模块安装时安装，B 在第 5 层模块安装时安装，C 在第 7 层安装，D 最后安装。

（4）光纤光缆敷设与测试。在敷设光纤前应对光纤进行检测，确保光纤完好，并记录损坏光纤编号。光纤的敷设应遵循《工程现场光纤安装指南》的要求。不得弯折。

光纤很脆弱，在光纤敷设时应注意保护光纤，不能强行拉拽。敷设光纤时应始终保证分散光纤转弯半径不小于 50mm，光缆转弯半径不小于 260mm。注意光纤不能拉直而应松弛，光纤槽内固定光纤时扎带应呈圆头状。

光纤敷设完成后，按照《阀塔调试规程》进行光纤的光功率损耗测试，测试完毕后，在确定无误情况下，在所有的光纤槽上安装光纤槽盖，同时对光纤槽进行封堵。

光纤敷设完毕，并完成光纤损耗测试和电气测试后，所有备用光纤接头都要进行电位固定。阀模块内的备用光纤固定在模块之间的备用光纤托盘内。

（5）阀塔管母及金具安装。安装所有连接金具前，须按照《金具通用安装说明》对金具进行预处理。

首先用砂纸对导电接触面进行打磨，打磨完毕后，用无水乙醇将接触面擦拭干净，然后用百洁布或者砂纸将接触面均匀打磨一遍，再次用无水乙醇清洁接触面，最后用毛刷将导电膏均匀地涂抹在接触面上，并按图纸要求进行金具安装。

金具布置位置参考图纸，单个金具安装工艺参考金具图纸。转接板的导电接触面需打磨处理。

根据阀塔安装完毕后实际距离确定直流管母的长度，直流管母的长度比实际需要的大，因此需借助砂轮切割机进行切割，切割完毕后，用手锉和砂纸对切割面进行打磨，清除毛刺和尖角。直流管母与软连接金具连接面需用砂纸适度打磨。

3. 阀冷系统调试

极 1 阀冷系统的试验分为自控实验和阀冷系统联调，自控实验主要包括：绝缘实验、气密封实验、水密封实验、模拟实验、通信实验。

（1）绝缘实验。试验装置的控制器、电动机等低压电气设备与地（外壳）之间的绝缘电阻不低于 10MΩ，低压设备与地（外壳）之间应能承受 2000V 的工频试验电压，持续时间为 1min。

（2）气密封实验。检查氮气稳压回路及接头密封性，检查电磁阀、电接点压力表、减压阀、安全阀工作是否正常。

（3）水密封实验。对试验装置所有设备和管路进行设计压力的 1.2～1.5 倍水压试验，保持合适的时间后，在降低到设计压力保持一段合适的时间，各设备和管路应无破裂或漏水现象。

（4）模拟实验。模拟各种运行模式和故障情况，验证换流阀冷却系统控制与保护的功能是否满足设计要求。

（5）通信实验。进行水冷却设备的通信与远程控制功能试验，验证系统的运行状态、告警报文、在线运行参数正确上传至上位机。验证水冷却设备控制系统是否能准确地把阀冷的运行状态、告警报文、在线运行参数正确上传至直流控制与保护系统。验证试验装置控制系统与上位机之间的控制动作是否正确，上位机能否正确响应实验装置控制系统的指令，实验装置控制系统能否正确响应上位机的运行与停运指令等。

（6）阀冷系统联调。综合检验各前道工序施工质量，同时发现设计、制造等方面的缺陷，通过调整处理，使阀冷设备符合运行要求。阀冷系统联调主要在有负荷状态下全面验证阀冷系统性能及各项指标，在大负荷情况下阀冷系统满足正常运行要求。

4. 小结

极 1 阀厅进场施工前，项目部提前策划供货和设备安装时间，通过编制每日设备安装进度计划表、按节点工期倒排施工计划、编排工程关键路线计算工作可控裕度、及时动态进度纠偏等一系列行之有效的管理制度。同时，由于施工工艺要求高，安装前项目部经过精密计算，最终确定出吊车、吊带、倒链的最佳选择以及最优吊装方案，吊装过程中人员、设备密切配合，做到精确、合理确保了极 1 阀厅安装工作的全面顺利完成。

极 2 阀厅的 48 天阀塔施工

摘要： ±500kV 南桥换流站有极 1、极 2 两个阀厅，此次改造的关键一环是将原先采用的传统换流阀，更换为可控换相技术换流阀（CLCC）。在极 2 阀厅安装时项目部"利用空间换时间"，在同一空间内利用"高度差"，组织同步进行阀塔的拆除工作和阀厅钢结构加固作业。在以满足安全要求为前提下，阀塔拆除使用登高车，阀厅钢结构加固采用盘扣脚手架搭设工作平台方式，两项作业相互不影响，将原 101 天的阀塔施工工期压缩至 48 天完成，为后续调试工作节省了宝贵的时间。

1. 极 2 阀厅工况概述

本次改造的极 2 阀厅采用可控换相的 CLCC 换流阀，其具备可控关断能力，逆变器不会发生换相失败。CLCC 换流阀在正常运行期间，换流阀的外特性与传统 LCC 换流阀完全相同，不会改变换流器无功、交直流谐波、绝缘、过负荷等任何特性，特别适用于原有直流系统的改造。

新型 CLCC 换流阀由主支路和辅助支路并联构成，主支路由常规晶闸管阀串联低压大电流 IGBT 阀构成，辅助支路由高压 IGBT 阀和高压晶闸管阀串联构成。CLCC 换流阀采用悬吊式四重阀结构，每个单阀为两层双列结构包括 4 个阀模块，两层阀模块串联构成一列，一列为主阀模块，另一列为辅助阀模块，每个四重阀共 16 个阀模块，结构上形成一个阀塔。

2. 阀冷系统工程量

原阀塔为悬吊式的四重阀塔结构，通过过渡框架悬吊在阀厅屋架上，每极阀厅内各悬吊有 3 个四重阀塔，每个四重阀塔由 4 个单阀组成；每个单阀由 4 个半层阀组成，其结构见图 2-10-1。

本次改造需要改造 2 套内冷设备及 2 套外冷设备。

（1）阀内冷设备改造。每套阀内冷却系统主要包括主循环冷却回路、去离子水处理回路、氮气稳压系统、补水装置、管道及附件、仪器仪表和控制保护系统。主要设备包括：换流阀、精混床离子交换器、膨胀罐及氮气除氧装置、高位水箱、过滤器、补充水泵、原水箱、配电及控制设备。设备的冗余情况如下：

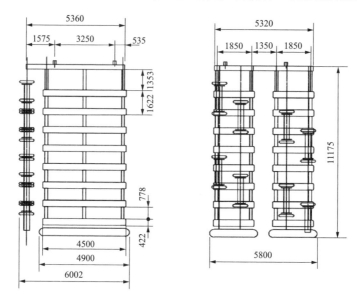

图 2-10-1　原阀塔结构

1）主循环水泵，2 台，一运一备。

2）精混床离子交换器，2 台，一运一备。

3）高位膨胀水箱（仅 ETT 阀），2 台，并联运行。

4）膨胀罐，2 个，并联运行。

5）氮气密封及补气装置（仅 ETT 阀），1 套。

6）电动三通调节阀（如有），2 个，一运一备。

7）电加热器（如有），3～4 台，循环启动，根据温度设定自动启停。

8）原水罐，1 个，无备用。

9）内冷补水泵，2 台，一运一备。

（2）阀外冷设备改造。每套阀外冷却系统主要包括闭式冷却塔、喷淋水泵、喷淋水软化装置、喷淋水加药装置、喷淋水自循环旁路过滤设备、排污水泵、配电及控制设备、水管及附件、阀门、电缆及附件等。外冷设备配置及冗余情况如下：

1）闭式蒸发型冷却塔：3 台，冗余 50%。

2）喷淋水软化装置：2 套，冗余 100%。

3）喷淋水泵：每台冷却塔 2 台，冗余 100%。

4）喷淋水加药装置：1套。

5）喷淋水自清洗过滤装置：1套。

6）泵坑排水泵：2台，冗余100%。

7）交流电源：双回路供电，自动投切。

8）直流电源：双回路供电。

9）主控制器：2个，冗余100%，自动切换。

10）与跳闸无关的传感器：2套，冗余100%。

11）与跳闸有关的传感器：3套，三取二。

12）与上位机采用I/O控制信号和PROFIBUS总线方式通信。

3. 换流阀拆除流程

换流阀拆除步骤如下：

（1）阀冷水管泄压、放水（见阀冷设备改造方案）。

（2）阀冷主设备机组、控制柜拆除（见阀冷设备改造方案）。

（3）阀侧封堵及连接管母线、软母线拆除，对换流变压器进行移位。

（4）阀光纤及阀塔内光纤槽盒拆除。

（5）阀避雷器拆除。

（6）阀塔顶部及周围屏蔽罩拆除。

（7）阀塔内主水管及分支水管拆除。

（8）导电铝排拆除。

（9）阀基电子柜（VBE）拆除。

（10）阀组件及电抗器拆除。

（11）阀塔阀层框架拆除。

（12）底层屏蔽罩及框架拆除。

（13）S型水管拆除。

（14）顶部框架及悬吊支撑绝缘子拆除。

（15）阀厅内水冷管道拆除。

（16）拆除设备如需要利旧，采用专业的包装公司专业人员对利旧设备进行包装，包装完成后运至指定位置。

4. 拆除方法及注意事项

本次换流阀改造阀厅钢结构建筑使用时间已有30余年，在设备拆除前安排专业人员进行无损探伤，根据探伤结果来确定钢梁或吊钩能否作为换流阀设备拆除的吊点。

阀厅内设备改造接地开关、中性线穿墙套管、部分支柱绝缘子均不在改造范围内，在换流阀设备拆除过程中应加强监护，以免磕碰改造范围外的设备，并在阀厅钢结构加固时对改造范围外的设备采取保护措施，防止造成损伤。

同时考虑到设备及机械的进出，需要在阀厅侧面开门，对部分绿化、设备进行拆除以便设备运输及施工机械进出。具体拆除方法如下：

（1）在阀塔顶部钢梁上的两根辅梁上悬挂两台电动葫芦，电动葫芦站位可根据现场实际需要更换位置。

（2）用两根 8m 长吊带捆绑在拆除件合适位置。

（3）顶部框架上的吊带捆绑完后，把吊带挂在电动葫芦的吊钩上。

（4）缓缓起吊，调整吊钩内的吊带可以水平下降，确保拆除件可以稳步安全的放置地面。

（5）在拆除部件起吊的过程中，升降平台在拆除部件的侧边下面跟随缓缓下降，当拆除部件到达合适的位置后，停止下降。

5. 进度管控

换流阀的改造涉及阀塔拆除、阀厅加固、新阀安装与调试三个步骤，每一步都是一次挑战。按照原定的施工计划，极 2 阀厅施工周期为 101 天，原定施工周期计划见表 2-10-1。

表 2-10-1　　　　　　　　极 2 阀厅施工计划表

极 2 阀厅设备拆除	14 天	2023 年 2 月 2 日～2023 年 2 月 15 日
极 2 阀厅钢构加固	28 天	2023 年 2 月 16 日～2023 年 3 月 15 日
极 2 阀厅设备安装	38 天	2023 年 3 月 23 日～2023 年 4 月 29 日
极 2 阀厅设备调试	21 天	2023 年 4 月 10 日～2023 年 4 月 30 日

施工前项目部提前做好人员、施工机具、材料、技术措施及施工环境的前置准备工作，并在施工过程中对关键时间节点做好把控，制定合理有效的纠偏方案。

（1）人员准备。施工人员需求见表 2-10-2。

表 2-10-2　　　　　　　　施 工 人 员 需 求 表

序号	班组/工种	极 1 阀厅	极 2 阀厅	备　注
1	工作负责人	1	1	
2	班组安全员	1	1	

续表

序号	班组/工种	极 1 阀厅	极 2 阀厅	备　注
3	班组技术员	1	1	
4	厂家服务人员	1	1	
5	悬吊框架拆除及安装	6	6	厂家现场全程指导安装
6	悬吊绝缘子拆除及安装	6	6	
7	阀主体拆除及安装	15	15	
8	阀附件拆除及安装	8	8	
9	综合辅助	2	2	

（2）现场机具。现场所需机械、工具见表 2-10-3 和表 2-10-4。

表 2-10-3　　　　　施 工 机 械 表

序号	名称	型号、参数	数量	用途	备注
1	升降平台车（检修用平台）	平台高度 20m，载重 750kg	1 台	吊装	厂家提供，移交运行后使用
2	电动葫芦	5t×22m	4 台	吊装	厂家提供，移交运行后使用
3	电动叉车	6t	1 台	阀厅内转运使用	施工单位提供
4	手动液压叉车	3t	2 台	阀厅内转运使用	施工单位提供
5	手动液压叉车	5t	2 台	阀厅内转运使用	施工单位提供
6	脚手架		按需	阀塔组装	施工单位提供
7	人字梯		按需	阀塔组装	施工单位提供
8	吊车	25t	1 台	设备卸货	施工单位提供
9	叉车	5t	1 台	卸车及阀厅外转运货物	施工单位提供

表 2-10-4　　　　　施 工 工 具 表

序号	名称	规格	数量	用途	备注
1	十字螺丝刀	大、小各半	4 把		施工单位提供
2	一字螺丝刀	大、小各半	4 把		施工单位提供
3	剪刀		2 把	切割	施工单位提供
4	水平尺	350mm（1 级精度）	2 件	平面度测量	施工单位提供
5	水平尺	3.5m（2 级精度）	2 件	平面度测量	施工单位提供
6	直角尺		2 个		施工单位提供

续表

序号	名称	规格	数量	用途	备注
7	卷尺	5m	5 个	长度测量	施工单位提供
8	卷尺	25m	5 个	长度测量	施工单位提供
9	钢板尺	2m 量程	1 把	长度测量	施工单位提供
10	钢丝钳		4 把	切割	施工单位提供
11	斜口钳		4 把	校正	施工单位提供
12	木榔头		2 把	校正	施工单位提供
13	橡胶锤		2 把	校正	施工单位提供
14	手锯、锯条若干		2 套	切割	施工单位提供
15	砂轮切割机		1 台	切割铝绞线等	施工单位提供
16	手锉		4 套	打磨	施工单位提供
17	毛刷		8 把	涂抹导电膏	施工单位提供
18	电动钻	配 9mm 钻头	1 把	光纤槽板现场补孔	施工单位提供
19	电动扳手及套筒		2 把	拆包装箱用	施工单位提供
20	电动抛光机		1 把	母排搭接面抛光	施工单位提供
21	电源接线盘	20A，50m	3 个	移动设备接线	施工单位提供
22	吸尘器	小型	2 个	环境控制	施工单位提供
23	吊带	2t×6m	8 条	吊装（高端）	施工单位提供
24	吊带	2t×4m	8 条	吊装（高端）	施工单位提供
25	吊环螺钉	M24	32 个	吊装	施工单位提供
26	U 形卸扣	T-DW2 d14/D16	8 个		施工单位提供
27	剥线钳		1 个	剥线	施工单位提供
28	压线钳		1 个	连接	施工单位提供
29	网线钳		1 个	连接	施工单位提供
30	手电筒		6 个	光纤测试	施工单位提供
31	对讲机		4 部	检修通话	施工单位提供
32	万用表		2 台	验电、检验旁路开关状态	施工单位提供
33	千斤顶		2 台		施工单位提供
34	胶枪		5 把	点胶	厂家提供
35	数字万用表	0.01mV	2 个	测试	施工单位提供

续表

序号	名称	规格	数量	用途	备注
36	压力表	9bar	2个	流量平衡测试	施工单位提供
37	压力表	4bar	2个	流量平衡测试	施工单位提供
38	超声波流量计	Flexons F601	1个	流量平衡测试	厂家提供
39	回路电阻测试仪	MOM2手持式	1套	接触电阻测量	每阀厅各一套，厂家提供
40	光纤测试仪		1套	光纤测试	
41	全站仪		1套	调平使用	施工单位提供
42	链条葫芦	3t、5t	各2套	换流阀拆除、安装	施工单位提供
43	电动葫芦	5t×22m	4套	换流阀拆除、安装	厂家提供
44	颗粒度检测仪		2套	环境检测	施工单位提供

（3）材料。现场安装所需易耗品见表2-10-5。

表2-10-5　　　　　　　　　　现场安装所需易耗品

序号	名称	型号、参数	数量	用途	备注
1	砂纸	200P和2000P各一半	1200张	打磨	施工单位提供
2	无水乙醇	每瓶500ml	80瓶	零件清洗清理，母排安装	施工单位提供
3	抹布		200kg	零件清洗清理，母排安装	施工单位提供
4	无毛纸	130张/包×8包	20箱	零件清洗、清理	施工单位提供
5	百洁布	单块80mm×120mm	400包	零件清洗、清理	施工单位提供
6	记号笔	红色和黑色各半	200支	作紧固记号	施工单位提供
7	生料带		40卷	绑扎	施工单位提供
8	大扎带	400~500mm	6000卷	绑扎	施工单位提供
9	中扎带	250~300mm	6000卷	绑扎	施工单位提供
10	小扎带	100~150mm	10000卷	绑扎	施工单位提供
11	钢丝刷	1"/25mm	4把	母排安装	施工单位提供
12	导电膏		8L	母排安装	厂家提供
13	胶枪头		50件	点胶	厂家提供
14	环氧树脂黏合剂		20管	点胶	厂家提供

续表

序号	名称	型号、参数	数量	用途	备注
15	维可牢（尼龙刺粘扣）	10m ROLLS	40 套	捆扎	厂家提供
16	编织线	4mm²	50m	等电位线	厂家提供
17	端子	M8	200 个		厂家提供
18	阀塔主水管密封垫	FV_HYD_BP_5004	100 个	更换损坏水管密封垫	厂家提供
19	50mm 水管 O 型圈		2000 个	更换损坏 O 型圈	厂家提供
20	16mm 水管 O 型圈		500 个	更换损坏 O 型圈	厂家提供
21	耦合剂		10 盒	涂抹流量计探头	厂家提供

（4）技术措施。

1）施工前必须向安装、试验人员进行技术、安全的交底，并做好交底记录。升降平台车、电动葫芦、行车指定专人练习操作，并取得相关资质证书。为施工人员配置专用工作服、工作鞋。

2）换流阀设备施工负责人组织安装人员学习老换流阀设备拆除施工流程、安全注意事项、CLCC 换流阀设备和各安装附件的安装说明书、安装规范。

3）换流阀设备试验负责人组织试验人员学习换流阀设备合同、出厂试验报告和交接试验规程。

4）换流阀拆除前对现场进行再次踏勘，确认拆除施工流程及安全措施。

5）安装前应对设备主接线回路正确性进行核实，确保施工过程中设备安装与主接线图一致。

（5）场地准备。因换流阀安装对施工环境要求较高，故需阀厅土建施工完毕进行了全封闭并经过业主、监理、电气安装单位验收后方可进行施工安装，换流阀安装时阀厅应满足以下要求：

1）阀厅内的地坪、屏蔽接地、电缆沟及盖板等设施已经完善。

2）阀厅（门、穿墙套管入口）已密封和无尘，使用彩钢夹心板，达到产品要求的清洁标准。

3）阀厅通风和空调系统投入使用，厅内保持微正压，温度在 16～25℃为宜，相对湿度不大于 50%。

4）阀悬挂结构以上的工作，光纤、电缆通道等都已完成。

5）阀冷却系统已经安装完成，主管道水压试验经过验收并试运行。

6）阀塔悬挂结构（顶部钢梁）安装调整完毕并已接地。

7）阀厅四周无爆炸危险、无腐蚀性气体及导电尘埃、无严重霉菌、无剧烈振动冲击源，有防尘及防静电措施。

8）施工及照明电源稳定并配置备用电源及应急照明。

（6）解析点评。

换流阀设备安装精密度高，施工环境、施工工艺要求高，施工难度大，使换流阀的安装工作面临较大挑战。为确保该工程阀厅设备安装工作的顺利开展，项目部制定了详细的"换流阀更换专项施工方案"，通过精心策划、科学管理、细化流程，合理安排、优化施工方法，所有施工人员在安装前进行集中安全培训、标准工艺强化培训、质量技术交底及危险点告知等，并安排专人进行现场沟通协调，保证了各项工作优质、高效推进，将原 101 天的阀塔施工工期压缩至 48 天完成，优质高效完成了极 2 换流阀设备的安装工作。

阀厅阀塔施工的质量管控

摘要：针对南桥换流站改造过程阀厅阀塔施工中老设备拆除和新设备安装，施工项目部提前规划、统筹兼顾，并通过多次专家勘察和技术计算，制订可行性方案。施工项目部通过严格执行标准化要求和三项措施，全面加强老站改造施工质量管理，包括强化队伍管理、科学制定施工计划和严格执行工艺标准。施工过程中，华东送变电工程有限公司加强质量专业队伍建设、深化协同合作、技术创新助力高质量施工，有效提升了工程施工质量。最终，通过精心组织施工、加强质量管理等措施，成功完成了南桥换流站的改造，为后续类似工程提供了宝贵经验和借鉴。

（一）实施背景

一次设备安装较大的风险在于阀塔的拆除，此次阀塔是30多年前的老设备，也是第一次进行拆除作业。阀厅新设备也比原先使用的西门子设备更大更重，如果按原位置安装新阀，肯定会导致阀塔和直流穿墙套管均压环之间的带电距离不符合规范。华东送变电工程有限公司作为施工单位，面临前所未有的挑战，并且缺乏可以借鉴的成功经验。此外改造时间紧、作业风险高、施工范围受限，可谓"螺蛳壳里做道场"。

对于这一系列难题，施工项目部提前规划，统筹兼顾，多次组织专家及技术人员对现场进行勘察与计算，研制出适用于现场的可行性方案，指导现场安全、平稳进行施工作业。

（二）目标

在南桥改造工程施工过程中，施工项目部通过严格执行标准化要求，突出"三项措施"，全面加强老站改造施工质量管理，最终有效保障施工的质量。三项措施包括：

（1）强化施工队伍管理。严把施工资质及特种作业人员持证上岗关，从施工资质、人员素质、队伍品质等方面进行严格审查，确保施工队伍规范化。

（2）科学制定工程施工二级网络计划。提前组织现场勘察，对电缆沟进行路径确认，突出抓好施工多作业面协调工作，超前谋划施工方案，确保工程开工"零障碍"。

（3）严格工艺标准要求。以阀厅 CLCC 换流阀安装为例，实地展示顶部钢梁定位、阀塔安装、光纤敷设等建设工艺，将典型设计、标准工艺具体化，全面提升工艺水平。

（三）总体情况

无论是拆除还是安装阶段，华东送变电工程有限公司充分利用停电前的宝贵时间对停电施工进行策划、细化、优化，持续开展前期勘察、进行人员交底培训、编制施工方案等各项前期准备，为正式停电施工做好充足的准备。

在各作业面开工前，施工项目部组织施工管理人员和作业人员开展教育培训及交底、施工方案会审，坚持以"管住计划、管住队伍、管住人员、管住现场"为原则，做到对作业组织管理的超前谋划、超前准备，增强作业人员的质量意识和能力，有效提升了现场施工作业的质量水平。组建专家队伍、配备专业人员、加强质检力量；成立由主要领导担任的领导小组进行组织协调，各领域专家组成专家小组提供技术支撑和专业服务。创新技术应用于施工，比如：使用激光水平仪和特制螺旋扣确保阀塔安装的精确性，避免应力集中现象；设计专用升降平台车和转运车，提升模块安装效率，确保安装过程稳定；利用 BIM 3D 模拟软件和链条葫芦安全拆除阀吊梁，保护换流阀等。

南桥改造工程通过精心组织、质量管理和技术创新，确保了高质量的建设成果。项目施工过程中注重质量管理队伍的培养和利用，强化协同管理和领导参与，并通过技术创新实现精确、安全的施工过程。

（四）创新成果及亮点

在南桥改造工程施工过程中，华东送变电工程有限公司精心组织施工，加强质量管理，有效提升了老站改造施工作业的质量。其中，围绕"三项措施"，严格执行标准化要求。一是强化施工队伍管理，二是科学制定工程施工二级网络计划，三是严格工艺标准要求。此外，贯彻落实"六精四化"，精雕细刻提质量，深化协同，提升高质量建设全过程管控水平。

1. 加强质量专业队伍建设

明确各级质量管理人员及其权利职责。明确各级分管质量工作的领导，定期会商，建章立制，让高质量建设理念深入人心，融入工程管理的各个环节。

培养组建质量专家队伍。组建公司级质量专家队伍，有效支撑质量检查、质量监督、达标考核、创优评选等工作。在各专业分公司组建各专业质量专家小组基础上，遴选公司级资深质量专家、质量专家，做好后备专家队伍培养。督促、指导、监督长期合作的核心分包商，加强专业质量人才梯队建设，培养合格的施工一线质量管理人才。

配足质量专业人员。加强专业化质检力量和质量专业人才梯队建设，强化班组质检、项目部质检、公司级专检工作。

加强质量宣贯培训。充分利用例会、站班会，不间断、不定期展开宣贯培训。

2. 深化协同，提升高质量建设全过程管控水平

为了安全保质按期完成南桥换流站改造任务，公司上下高度重视，始终将其作为"头号工程"，第一时间成立了由两位主要领导担任组长的领导小组，负责改造工程的组织领导、重大问题决策、改造工程的监督和对外协调工作。

在公司历史上首次执行董事、总经理两位主要领导及相关分管领导参加的单个工程协调月度例会，由分管领导担任组长的工作小组，全面负责改造工程的技术、工程、安全、质量、进度管理工作的组织、推进和协调。

由电气一次、电气二次、钢结构、水工等专业领域专家组成的专家小组，参与前期的规划，方案编制审核，为改造工作提供技术支撑和咨询服务，协助解决改造中遇到的专业技术问题，从 2021 年 8 月开始，公司就开展了整个项目的前期策划。项目实施阶段，公司任命两名中层干部承担项目管理任务。开工后，公司主要领导和分管领导每周平均 3～4 次到现场协调各专业及公司职能部门资源调配，解决现场实际困难。

3. 技术创新助力高质量施工

阀厅阀塔安装前阀厅内辅助设置必须安装调试结束。如：阀厅内空调安装调试结束；阀厅内阀冷内管道安装结束，打压试验合格；光缆槽盒安装结束。确保阀塔安装不再动焊产生粉尘，严格控制各专业的施工工序，以确保阀塔顺利安装。阀厅设备安装首要是环境控制，要求阀厅全封闭，建立起微正力，严格控制阀厅内的粉尘度。在南桥换流站极 1、极 2 阀厅小门处设置了过渡间，所有工作人员进入阀厅前必须先通过过渡间风淋室清除人体携带的粉尘，以达到安装环境要求。

安装阀塔时，阀塔钢盘由 4 根吊杆吊装在阀厅钢梁上，使用激光水平仪对钢盘调平（见图 2-11-1）。特制螺旋扣作为衔接吊杆和钢盘的关键部件，设置了 100mm 调节量及 90°安装孔以确保方向可微调，不仅可以弥补旧阀厅改造钢梁测绘的偏差，还可确保方向可微调，使后续安装过程不会出现应力集

中现象。

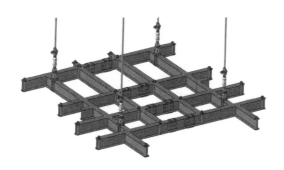

图 2-11-1　阀塔钢盘示意图

阀塔模块采用升降平台车安装，平台车可同时放置整层模块（主支路、辅助支路左，辅助支路右），可以一次安装一层模块，方便操作人员施工，提高工作效率。平台车外形尺寸 7500mm×7500mm×1860mm，主梁上设计 4 个吊点，可由 4 个 5t 电动葫芦联动升降。升降平台车示意图见图 2-11-2。吊点位置考虑了设备整体受力和模块重心分布，保证升降过程和安装过程中平台车保持平稳。平台车底部安装 8 个万象轮，升降车可以在地面平移，方便模块装卸。平台车地面在称重梁上平铺实木板，人员安装阀塔时有一个平稳的操作平台。主支路阀模块和辅助支路阀模块都有专用的吊装工装，在吊装过程中模块不会变形、吊带不会挤压模块内部器件。设计模块转运车，方便模块在阀厅内部转运，无需改造原有阀厅屋架安装行吊。阀塔安装施工过程图见图 2-11-3 和图 2-11-4，升降平台车安装模块图见图 2-11-5。

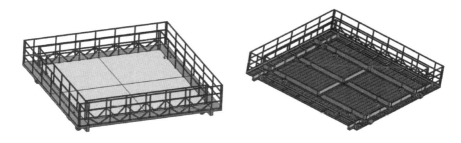

图 2-11-2　升降平台车示意图

安装完成后，拆除阀吊梁成为又一个难题。因为它们位于换流阀的正上方，如果直接垂直拆除，一旦掉落就会损坏换流阀，拆除过程及其危险。所幸，它们和换流阀之间还有 20m 的高度差。项目部在采用 BIM 3D 模拟软件对现场进行三维模拟后，决定采用四个链条葫芦，分别连接到阀吊梁上。通过协调控制四个链条葫芦的速度和力度，一边将阀吊梁缓缓下放，另一边向侧面拉动，以斜向下的方式成功地将阀吊梁拆除，保证了换流阀的完好无损。

图 2-11-3　阀塔安装施工过程图（一）

图 2-11-4　阀塔安装施工过程图（二）

图 2-11-5　升降平台车安装模块图

此外，阀塔安装时先测量各相阀塔悬挂点的位置是否与设计图纸相符，控制相与相、相与阀厅墙面钢结构的距离。严格按制造厂家的阀塔各层编号自上而下逐层安装，不可混装。各附件的连接螺栓紧固力矩严格按阀塔厂家提供的力矩值紧固。各导体的接触面用酒精清洗并涂电力脂。

（五）解析点评

南桥换流站是我国首条±500kV 直流输电线路葛南直流的受端，在 2022 年正式开启了焕新改造。华东送变电工程有限公司高度重视，超前谋划，深度协作，坚持以"管住计划、管住队伍、管住人员、管住现场"为原则，围绕"三项措施"，严格执行标准化要求，精心组织施工，聚焦精益管理，加强队伍建设，鼓励创新作业，提升质量水平，最终高质高效完成南桥换流站的改造。大规模直流核心设备整体改造在国内尚属首次，也是国家电网有限公司首次开展超高压换流站大规模改造，将为后续超高压换流站改造提供借鉴与示范作用。

电缆沟施工质量管控

摘要：南桥换流站由于多次改造，电缆沟容量已满且旧电缆脆弱，直接敷设新电缆存在安全隐患，施工项目部制定了增设新电缆沟的方案。在电缆沟施工过程中，项目部通过明确责任、培养专业人员等方式强化队伍建设；在领导机制、专家团队组建等方面深化协同合作；依照国家电网有限公司标准体系加强工艺过程管理和现场督察；采用 BIM 技术、探地雷达等工具进行施工管理和质量保障。电缆沟施工过程中的措施将为未来超高压换流站改造和其他工程提供非常宝贵的经验。

（一）实施背景

历经多次改造，±500kV 南桥换流站的电缆沟里已经盈箱溢篚，难以容纳改造所需敷设的新电缆，而且部分旧电缆已经非常脆弱，直接敷设新电缆势必造成安全隐患，这对于施工项目部来说是一项不容小觑的难题。施工项目部经过几场专项会议，多次组织专家及技术人员对现场进行勘察与计算，经过业主、设计及项目部共同商讨，研制出适用于现场的可行性方案，成功解决了这个问题，在保证安全、工期的前提下，高质量完成了电缆沟的作业。

（二）目标

在南桥改造工程施工过程中，通过强化队伍建设、深化协同合作、提升标准工艺和创新指导施工的方式保障施工作业的高质量，确保现场"不发生一起安全质量事故"。其中，队伍建设包括质量管理人员、验收人员、施工人员的队伍建设，明确其责任，强化其意识，端正其行为，考核其成果。从全方位、多角度、多形式进行施工质量提升的队伍建设。

依照国家电网有限公司"工艺标准库""典型施工方法""标准工艺设计图集"等标准工艺体系，严格工艺过程管理，施工项目部分阶段开展标准工艺清单施工交底，督促分包单位严格标准工艺施工，并对重点工序、重要环节实施现场督察，对一般作业进行现场抽查，确保标准工艺清单有效执行。华东送变电工程有限公司深化各个分公司之间的合作，各个工序之间合理安排、协同合作。此外，运用创新技术、发挥创新思维，助力施工全过程作业。

（三）总体情况

南桥换流站历经多次改造，电缆沟内存在大量电缆，堆积非常严重。在本次改造中，我们已无法在满沟的情况下再放置新的电缆。老旧电缆本身非常脆弱，如果继续在已满沟的情况下放置新电缆，势必要对原有电缆进行踩踏、拉拽等操作，这将会损坏老旧电缆，并对那些本不需要改造的电缆造成破坏。

因此，经过施工项目部组织的几场专项会议、多次的现场勘察与计算，业主、设计及项目部共同商讨决定，采用增设新的电缆沟、放弃使用老旧电缆沟的方式。这样既能确保老旧电缆施工的安全性，又能减少施工难度，敷设的电缆进度更快，二次敷设对运行设备的影响更小，为后续交流滤波场设备安装奠定了良好基础。此外，施工过程中，还借助 BIM 技术指导施工、技术交底，有效保障了作业的质量。

（四）创新成果及亮点

通过强化队伍建设、深化协同合作、提升标准工艺、创新指导施工的方式保障施工作业的高质量。

1. 提升标准工艺

推广变电工程标准化程序，将工程质量管控要求和奖罚条件写入专业分包合同，进一步明确专业分包质量责任。依照国家电网有限公司工艺标准库、典型施工方法、标准工艺设计图集等标准工艺体系，严格工艺过程管理，项目部分阶段开展标准工艺清单施工交底，督促分包单位严格标准工艺施工，项目部对重点工序、重要环节实施现场督察，对一般作业进行现场抽查，确保标准工艺清单有效执行。

2. 创新指导施工

由于南桥换流站投运时间较长，过程中经过多次改造，资料形成不完善，加之运行管理人员变换，电缆沟开挖面临很多不确定因素。为了降低风险，电缆沟开挖前，项目部邀请电缆分公司的物探小组对可能开挖区域地下管线、障碍物进行探测（见图 2-12-1）。探测出可疑的点，采用红漆进行标记。

本次交流滤波场改造电缆敷设工作量很大，但工期非常紧张。为了能让电气专业尽早进场施工，施工项目部决定优先施工电缆沟。随之面临的一个问题是，电缆沟底与支架基础底距离相近，很多地方二者紧贴，基坑已整体开挖完成。为了加快电缆沟施工，加厚了垫层，不需等土方回填即可开展电缆沟施工，保障了工期与质量（见图 2-12-2）。

实施现场还应用了 BIM 技术，并借助移动互联网技术实现施工现场可视化、虚拟化的协同管理。在施工阶段结合施工工艺及现场管理需求对设计阶段施工图模型进行信息添加、更新和完善，以得到满足施工需求的施工模型，实现施工现场信息高效传递和实时共享，提高施工管理水平。基于施工 BIM，施工项目部对工程质量控制点进行模拟仿真以及方案优化。利用移动设备对现场工程质量进行检查与验收，实现质量管理的动态跟踪与记录。新建电缆沟下穿老电缆沟，采用 BIM 技术将电缆沟结构可视化，给工人进行技术、质量交底，有效保证了宣贯的效果，保障了施工工艺与质量（图 2-12-3）。

图 2-12-1 采用探地雷达对开挖区域地下管线探测

图 2-12-2 工人正在进行电缆沟施工   图 2-12-3 采用 BIM 技术模拟电缆沟

（五）解析点评

在南桥换流站改造工程的电缆沟施工过程中，华东送变电工程有限公司采用了先进的管理模式和技术，结合创造性思维，确保施工质量和安全。从严格的工艺控制到现代化的设备运用，每一步都体现了对质量的严格要求和持续改进的承诺。这些经验和实践不仅为后续华东送变电工程有限公司承担超高压换流站改造以及其他工程提供了宝贵的借鉴和指导，也为行业内的电缆沟施工树立了标杆，展示了华东送变电工程有限公司在工程实施中的技术实力。

十三

适应大型改造工程的施工物资协调管理方法

摘要： 针对南桥换流站现场空间有限的难题，项目部制定了全盘规划和筹备，旨在确保及时供应符合质量标准的物资，以满足施工进度和计划的需要。采取了精确测量现场空间、提前规划进场工作、详细制定物资清单、有效建立管理制度等创新措施。这些创新措施使甲、乙供工程施工物资的管理效率和水平得到显著提升，成功应对了现场空间有限的挑战，为项目的顺利进行提供了有力支撑。这些方法经过实践验证，为后续类似工程提供了借鉴与示范作用，为华东送变电工程有限公司承担超高压换流站改造项目提供了有益参考。

（一）实施背景

南桥换流站改造项目，不同于新建的换流站，现场可利用的空间有限，很多空间又都是在原址拆除后进行开挖做基础，这导致现场可存放物资的地方十分有限。因此，设备物资的进场必须充分考虑现场的实际情况，需要进行全盘的规划和筹备。

（二）目标

工程（甲、乙供）施工物资管理的目标是确保及时供应符合质量标准的物资，以满足施工进度和计划的需要，并通过成本控制、安全管理、合规性、资源优化、供应链协调和信息化管理等措施，实现物资使用的经济高效、安全可靠，保障工程顺利进行并达到预期目标。

（三）总体情况

在施工现场空间有限的情况下，难以存放大量施工物资不仅影响了物资的安全管理，也给施工项目部的工作带来了额外压力。面对这一挑战，项目部精心规划、有效管理，通过成本控制、安全管理、合规性、资源优化、供应链协调和信息化管理等措施，有效应对南桥换流站改造项目中现场空间有限的挑战，确保设备物资进场管理工作顺利进行，并为项目的顺利完成提供有力支撑，最终实现物资使用的经济高效、安全可靠。

（四）创新成果及亮点

1. 精确测量现场空间

施工项目部首先对现场空间进行精确测量和评估，确定可以存放物资的可用区域。考虑到空间有限，项目部采取临时性的储存措施，如利用临时仓库和搭建临时存放区域。同时，为了缓解现场物资存放的压力，项目部经研究决定在外面租用临时仓库，把远区域的设备先运送至外面临时仓库，在现场需要的时候及时就近运抵现场。

2. 提前规划进场工作

物资进场前项目部进行了充分的准备工作，包括物资清单的核对、包装和标识的统一规范、运输方案的制定、安排物资进场顺序等。确保物资运输过程中的安全和高效。择优选取稳定、长期合作的供应商，确保物资供应的及时性和可靠性，建立良好的合作关系，在物资采购、运输和储存方面进行有效的协调。

3. 详细制定物资清单

对物资进场计划进行详细制定。根据工程进度和施工节点，合理安排物资的进场时间和数量，确保按需供应，避免过多物资一次性进场造成空间浪费或混乱。因此，项目部梳理出日计划，每日完成多少，什么时候能进行下一道工序，每日统计，并严格落实完成。以日计划为设备进场的依据，进行合理的调配进场。项目部指定专人建立详细的物资清单，明确需要的每一种物资及其数量规格。对于甲供和乙供的物资分别进行清单管理，确保清晰的分工和责任。

4. 有效建立管理制度

在现场施工过程中，项目部建立了有效的物资管理制度和监控机制。对进场的物资进行及时的登记、归类、存放、盘点以及补充，确保物资的安全、整洁和易于取用。成立专门的质量检验队伍，定期进行现场物资管理的检查和评估（见图 2-13-1），针对结果及时调整管理策略和措施，及时发现并处理物资质量问题，确保项目顺利进行并达到预期目标。对物资采购和使用成本同步进行管理，控制采购成本、运输成本和库存成本，确保在预算范围内完成工程。

南桥换流站改造项目中因涉及很多设备拆除后需要再利用的，故在拆除时需做好有效的防护措施。项目部优选设备包装公司，在现场对照旧设备清单在现场逐一测量尺寸，按尺寸加工做好包装箱，对照清单统一装箱打包封存放置指定位置保管。部分设备需转运至目的地的，统一打包装箱，运至指定目的地，并办理利旧物资交接签收。需原拆原装的旧设备，项目部组织统一存放指定位置，并按照设备类型及储存条件，分类妥善保管，便于后期恢复安装。

图 2-13-1　设备进场认真查验

通过以上全面考虑和细致规划，显著提升甲、乙供工程施工物资管理的效率和水平，有效应对南桥换流站改造项目中现场空间有限的挑战，确保设备物资进场管理工作顺利进行，并为项目的顺利完成提供有力支撑。

（五）解析点评

南桥换流站改造项目现场可利用的空间非常有限，又有很多设备都是在原址拆除后进行开挖做基础，现场能存放设备地方很少。针对这一情况，施工项目部详细梳理每日计划——每日完成多少基础，基础保养后什么时候能达到安装条件，每日统计，并严格落实完成，以此为设备进场的依据，进行合理的调配进场。需原拆原装的旧设备，在拆除时做好有效的防护措施，项目部组织统一存放指定位置，并按照设备类型及储存条件，分类妥善保管，便于后期恢复安装。

华东送变电工程有限公司为应对施工物资管理，高度重视，超前谋划，深度协作，通过精确测量现场空间、提前规划进场工作、详细制定物资清单、有效建立管理制度这四项举措，精心组织施工，聚焦精益管理，有效保障甲、乙供物资的管理工作，为项目的顺利进行提供巨大的支撑。

此次南桥换流站甲、乙供物资的管理方法经过了实践的证明、经受了艰巨的考验，为后续华东送变电工程有限公司承担超高压换流站改造以及一系列其他的工程提供借鉴与示范作用。

国内首次 CLCC 阀塔调试施工作业

摘要：南桥换流站历经多次改造，站内施工情况复杂，毫无经验借鉴，施工项目部边干边总结经验。尤其是涉及原有二次回路拆除、新回路接入等，经过多次改造，在原有的图纸上已经不能确定相关回路的正确走向。本次改造的二次回路遍布整个变电站，一旦发生细小误差就会造成误报、误跳，甚至影响整个电网运行。华东送变电工程有限公司在总结经验的基础上，首次顺利完成了 CLCC 换流阀的调试工作，为后续类似改造调试工程提供新的思路。

（一）实施背景

南桥换流站位于国内首条 ±500kV 直流输电线路葛沪直流的受端。本次工程中，重点对阀厅、直流场、直流滤波场、交流滤波场、直流控保等区域设备进行改造。

（二）目标

该改造工程的完成将从根本上解决由交流系统故障或多馈入直流引发的换相失败问题，对于确保葛南直流长期安全稳定运行，以及保障葛洲坝清洁水电安全入沪具有重大意义，也对后续工程起到重要的借鉴和示范作用，500kV 二次设备回路改造、CLCC 阀塔调试属于国内首次。

（三）总体施工情况

1. 二次回路摸排

在这次改造中，需要拆除旧屏，才能安装新屏柜。旧屏上连接着各个地方的电缆和光缆。在进行拆除工作时，首先要移除屏上的所有电缆。然而，很多电缆与正在运行的设备相关联，或者仍然带电，因此必须事先摸排清楚才能断开这些电缆。

拆除二次回路是一个相当繁琐的过程，尤其是涉及一楼、二楼和三楼之间的电缆。有些旧电缆没有标识，当拆除柜子时，并不清楚电缆的具体方向。如果旧图纸上没有标明电缆路径，那就会束手无策。为了解决这个问题，施工项目部采用了核对备用芯，根据屏蔽层确定电缆的走向。或者根据电缆的粗细，可以判断其功能。例如，1.5mm 的电缆通常用于信号传输，2.5mm 的电缆用于控制，也可能是电压传输，近年来往往用于信号传输。而 4.0mm 的电缆一般用于电流、电压和电源传输。如果没有明确的标记，只能逐个检查每条电缆沟中的每根线缆，从头到尾摸清楚。然后，判断电缆在对侧的用途，确保拆除不会影响运行设备，并在弄清楚后将其拆除。

2. 极 1、极 2 改造前的准备工作

在停电过程中，进行了交流 400V 站用电设备的停电改造。站用电的停电改造必须在极 1、极 2 改造之前完成，为确保所有 400V 站用电出线的改造回路都得到完善。为此，项目部提前准备了停电方案、重要负荷临时供电、48V 通信电源保证方案，同时优化了改造拆除范围和安全措施，并在整个过程中加以实施。在改造过程中，还考虑了改造后的维护和切换回路等方面，确保这些改造措施得以顺利实施。

其中，交流站用电改造是一个规模较大的工作，特别是涉及站内复杂的母线段。本次改造涉及 400V 1 母、3 母、7 母、9 母，同时又给交流场供电，因此在改造过程中需要确保其他段路内供应给交流场的设备不会停电。

另外，为了保证交流母线都能停电，施工项目部提前完成了 400V 出线回路的摸排，并通过试拉出现空开的方式确认出线回路，为确保通信设备（包括直流供电和交流部分的电源）的正常运行。同时，还制定了关键方案，以确保通信设备的稳定运行和畅通，从而保障运行设备的顺利工作。因此，在整个改造过程中，施工项目部做了多项方案设计和实施工作。

本次改造首先涉及极 1 的停电工作。由于极 1 涉及水冷系统等公共设施，因此这部分改造需要先进行，以确保后续与极 2 相关的改造能够顺利进行。根据极 1 和极 2 的停电计划，施工项目部对阀厅主体和一次设备进行了相应的改造，包括拆除和升级改造刀闸等主体设备，以及对二次回路进行改造。此外，还进行了光缆的拆除和改造，以适应一次设备改造升级的方案。

在改造过程中，施工人员注重按照停电计划有序进行工作，确保各个环节的协调配合。通过提前规划和准备，能够在合适的时间对不同部分进行改造，最大限度地减少停电对系统运行的影响。现场人员采取了科学的方案和措施，确保改造工作的高效进行，并保障了设备的正常运行。

3. 新挖电缆沟

南桥换流站历经多次改造，增加了大量电缆，导致电缆沟堆积非常严重。

在本次改造中已无法在满沟的情况下再放置新的电缆。

老旧电缆本身非常脆弱，如果继续在已满沟的情况下放置新电缆，势必要对原有电缆进行踩踏、拉拽等操作，这将会损坏老旧电缆，并对那些本不需要改造的电缆造成破坏。因此，现场人员决定增设新的电缆沟，放弃使用老旧电缆沟的方式。这样既能确保老旧电缆施工的安全性，又能减少施工难度，敷设的电缆进度更快，二次敷设对运行设备的影响更小。

4. 母差回路搭接与传动试验

在停电过程中，施工人员不仅需要考虑极1和极2的停电，还需要处理进线开关以及交流滤波场的进线开关。这涉及220kV交流母差回路的拆线及恢复、调试，母差回路改造风险极高，一旦出现问题，可能会导致整个站内的220kV线路跳闸。因此，在整个改造过程中，我们需要彻底检查回路，尤其在最后的接入阶段的传动实验过程中存在一定风险，因为误投入或误操作可能导致其他开关跳闸。因此，必须提前制定220kV交流母线保护拆线方案、隔离安措卡，保证220kV交流场的运行设备的安全性。恢复前编写并核对恢复调试方案、隔离安措卡来确保实验过程的安全性。

5. 极控制与极保护

在项目中，面临着极控制和极保护之间的屏控问题。这涉及不同屏之间的极控制、保护屏和测控屏。旧的尾缆和光纤需要逐一拆除并进行核对，这需要耗费大量时间。在旧电缆的拆除工作中，新的图纸上并没有详细记录旧光缆的拆除情况，只写明了设备的拆除。由于有些电缆没有标识，调试人员使用打光笔进行确认，并确定是否需要拆除这些光缆。在工作过程中发现并非所有尾缆都需要拆除，如果全部拆除，可能会导致中间环节出现断路。因此，花费了大量时间和精力来确定哪些尾缆需要保留，哪些需要拆除。

6. 自动化和网安接入

这个项目中涉及市调、国调和网调等级的自动化调度系统，同时也涉及了网安自动化系统的接入。由于之前没有这样规模庞大的换流站以及相关通道改造的情况，在通道申请方面，提前做好勘察，提前进场准备施工方案。主要包含运动设备的上传方案（需要请教运行自动化专职、并要求远动及后台厂家提供相应的资料）以及自动化设备的电源回路，写好准备的安全措施以及后续的施工计划，防止对运行部分造成影响。重点注意南桥换流站直流后台需要上传三级调度以及三级网安，写好初步施工方案并提交审核，综合各方面审核意见，经过业主方面组织的专题审核会议，写出最终版本并提交给各级调度专职审查批准。

7. 一次设备老化导致的二次信号误发

在项目实施过程中，现场调试人员发现了原本认为正确的信号，但实际上不正确的情况。主要原因是主变压器本体上的一些一次设备更换后，导致了二次设备的绝缘问题，才会信号发送故障。现场人员发现了一次设备回路存在问题的根源后，在本期改造中，尽力修复了这些问题。另外，原因是每个信号电源都是两路电源切换，其中的切换装置中间没有物理隔离，直流系统1段2段互联，距离太近，可能造成假的直流接地报文，当时自检已经无法从屏柜上查找，使用单相检测装置也无法找出原因。最终由双路供电使用测控柜内三个信号回路停其中一路回路，查找出接地点具体是哪个屏柜造成的。

8. 钢结构回路增加与控制台合并

在本期项目中，现场人员不仅对钢结构回路进行了改造，还协助站内进行了交流控制设备的安装和移动工作（这些控制设备包括交流值班控制台），还将交流控制台与直流控制台整合到了一起。这项工作需要投入大量精力。

由于涉及接线板下方的UPS电源和多个屏柜，其中安装了几十台电脑，为了解决老化产生的短路或停电，调试人员采用UPS更换的时候增设一个端子箱，从端子箱直接连接到控制台，再通过控制柜连接到插板。通过完善这些回路，解决了旧站内接线板下方插座老化的问题，避免了可能的短路或停电，并改善了其他老化回路的情况。

9. 换流变压器电缆拆除时的标识和封存

因无换流变压器本体施工图，为保证换流变压器在退出后再接入的正确性，在施工前制作电缆走向及接线表格，把换流变压器本体接线箱的每一根电缆的编号、回路号、接线端子位置、信号都正确的记录在表格中，同时在电缆编号缺失的电缆上标注临时编号，在每一根电缆线芯上标注接线位置确保后期重新接入时的正确性。为保护换流变压器退出后临时拆除的二次电缆，将拆除的二次电缆每一芯先用绝缘胶布包裹，再将每根电缆用保鲜膜包裹后盘好放进提前制作的塑料箱内，箱内放干燥剂，外面使用防火泥封口，从而保证在接下来的三个月中电缆不泡水，不被土建施工时踩踏或砸伤。

10. CLCC换流阀调试

可控换相换流阀（CLCC）每个桥臂由主、辅助两支路并联构成（见图2-14-1），主支路由常规晶闸管阀串联低压大电流IGBT阀构成，发挥其大通流、低损耗的优势，辅助支路由小电流高压IGBT阀和高压晶闸管阀串联构成，为晶闸管阀提供足够的关断时间，恢复桥臂阻断能力。

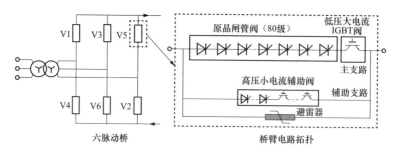

图 2-14-1 可控换相换流阀（CLCC）桥臂

可控换相换流阀（CLCC）调试也数国内首次，华东送变电工程有限公司集结了优势人才，全力攻坚，共计完成了 VBE 接口测试、VTE 单极测试、CTE 单极测试、串联二极管阀单级测试、阀避雷器测试等项目。

试验前，认真检查设备初始状态，按要求填写设备点检表。试验时，严格按照《VBE 调试操作规程》执行。试验过程中，凡涉及需要人手接触板卡和光纤的步骤，操作人员一律佩戴接地良好的防静电手环。

本试验共计包括 3 个大类的试验，要求操作人员顺序执行，并做好记录工作。

（1）VTE 单极测试。VTE 单级测试的目的为对阀塔各晶闸管级设备的电气参数及工作状况进行检测，保证晶闸管级的正常运行。

1）测试对象：VTE 单级测试的试验对象为主支路 V11 子阀、主支路 V12 子阀旁路晶闸管阀以及辅助支路 V14 子阀对应的晶闸管级相关元件。

2）测试项目：VTE 单级测试主要完成模式 2 的以下项目，正常情况下应该按照所列顺序进行。

a. 阻抗测试（含动态均压和直流均压回路阻抗）；

b. 短路测试；

c. 晶闸管低电压触发试验；

d. 电流断续试验；

e. 晶闸管反向恢复期保护试验；

f. 晶闸管正向过电压保护试验；

g. 晶闸管反向恢复期耐受试验。

3）测试方法：

a. 用 VBE 通信机箱上漏水/VTE 板单级测试投切开关将 VBE 双系统均投入单级测试模式。模式投入后，通信机箱前面板的单级测试指示灯应点亮；

b. 根据待测试晶闸管级位置，选择阀上 VTE 光纤，并将 VBE 设置为对应

的主系统。设置 VBE 主系统应由控制保护系统完成;

c. 通过漏水/VTE 板上复位开关将 2 个通信机箱复位,复位后观察 VBE 前面板确认主系统选择无误;

d. 在阀侧按 VTE 操作手册中远程模式连接好光纤及电压出线;

e. 将 VTE 开机,并进入模式 2;

f. 踩下脚踏开关,松开急停按钮,从第一项开始试验;

g. 注意人机界面侧报文,每项试验均有"晶闸管级故障报警"及"晶闸管级故障报警消失"报文。在过电压保护试验时,有对应的 FOP 动作报警及停止报文。报文齐全且 VTE 各个试验项目均显示通过,控制保护后台事件信息位置正确,则此级通过试验;

h. 逐级测试完成后在通信机箱上单级测试投切开关复位,并整体复位 VBE。

(2) CTE 单极测试。CTE 单级测试的目的为对阀塔各 IGBT 级元部件的电气参数及工作状况进行检测,验证 IGBT 级参数、板卡取能、板卡通信及 VBE 开通关断控制功能是否正常。

1)测试对象:CTE 单级测试的试验对象为主支路 V12 子阀 IGBT 阀以及辅助支路 V13 子阀对应的 IGBT 级相关元件。

2)测试项目:CTE 单级测试项目为子模块功能远程测试(远程模式)。

3)测试方法:

a. CTE 测试装置中的交流电源试验电路接至试品两端;

b. 现场操作人员手动选择"远程模式",点击"试验开始";

c. 试验装置在子模块两端建立 50Hz 半波电压,电压值至 400V(有效值),等待 30s,使得子模块取能系统能够正常工作;

d. 在 CTE 测试装置向 VBE 下发 CP 信号之前,VBE 向高电位板卡下发个 DB "0" 信号;

e. 当 CTE 测试装置开始向 VBE 下发 CP 信号,VBE 同步向高电位板卡下发个 DB "1" 信号。CTE 测试装置监测电压正向过零点,在每个周波过零点之后 5ms 开通 IGBT,时间维持 2ms,之后关断 IGBT,动作持续 1000 周波(20s)。

(3)串联二极管阀单级测试。串联二极管阀单级测试的目的为确保 V12 子阀二极管级元部件参数的一致性满足技术要求。

1)测试对象:串联二极管阀单级测试的试验对象为主支路 V12 子阀串联二极管组件、电阻和电容。

2）测试方法：串联二极管元部件测试项目见表 2-14-1。

表 2-14-1 　　　　　　　　　　串联二极管元部件测试项目

序号	名　　　称		测试判据
1	二极管	正向	<1.21V
		反向	>22kΩ
2	阻尼电容		>1.6μF
3	均压电阻		93kΩ<R<105kΩ
4	阻尼电阻		50±5%Ω

（四）创新成果及亮点

（1）开展换流变压器在检修状态下一次注流试验方法。换流变压器一次注流试验的目的主要是检验换流变压器各侧电流互感器的变比及电流回路极性是否符合设计图纸及继电保护的要求。

常规注流方法是从换流变压器网侧开关靠近母线侧施加三相 380V 电压，换流变压器三相网侧中性点套管连在一起接地，换流变压器阀侧绕组短路，通过短路电流校验二次电流回路。

南桥换流站换流变压器网侧开关是 HGIS 结构，挂在 220kV 母线上，换流变压器检修状态下，网侧开关母线侧接地刀在合闸位置，不能分开，分开时开关侧有很强的感应电。因此，换流变压器一次注流试验时，无法采用常规注流方法在开关侧加压。为了解决这个问题，现场采取换流变压器网侧绕组反向加压的方式进行换流变压器连同网侧开关一次注流试验。

具体方法是：将三相换流变压器网侧绕组中性点套管与中性点管母连接线解开，从网侧中性点套管施加三相 380V 电压，网侧高压端是接地状态，三相换流变压器阀侧绕组短接，通过换流变压器短路电流校验换流变压器网侧及阀侧电流二次回路的变比和极性（见图 2-14-2）。

（2）单极运行情况下的拆除工作。本次改造首先涉及极 1 的停电工作。在前期勘察中发现，极 1 水冷与极 2 水冷之间无论是一次还是二次都存在公共部分，因此这部分的拆除风险高，难度也大，在拆除前进行了详细的策划。

一次部分双极内阀冷供用补水箱，如果拆除或后续处理措施不慎，将导致极 2 无法补水，进而产生极大的安全风险，项目部与运行单位水冷专职共同制定了拆除安措方案，首先关闭储水箱有关阀门，然后再拆除极 1 内冷设备间影响墙面加固的管道，拆除后加工堵头进行封堵，考虑到内冷水房改造期间，极

2 仍在运行，管道拆除后做好防污染、防磕碰措施。

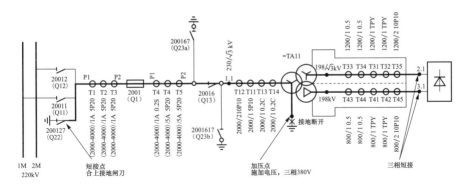

图 2-14-2　换流变压器一次注流试验

二次部分在拆除极 1 阀冷设备时，还要先考虑极 1、极 2 阀冷之间有相关联的二次回路要先拆除，如果不进行先行拆除有可能会误投停极 2 运行的水冷设备，这些关联二次回路只有在老的阀冷设备才有，现在国内新的阀冷设备上已不再使用这种回路，新的阀冷设备独立性较强。除了水冷，其他关联二次回路也需要高度重视。

在极 1 停电前，除了采取常规的屏柜及电源安措外，还采取了软件安全措施，保持极 1 控制主机运行，防止极 2 控制主机发极间通信故障影响主备切换。对极 1 控制主机进行软件修改，屏蔽紧急、严重、轻微故障，避免由于故障导致备用极控主机退出备用，且同时由于其他原因导致值班极控主机退出值班，最终两套极控主机均退出值班的情况发生。执行完所有安措之后，针对极 1 根据极 1、极 2 停电先后，极 1 直流场光缆、尾纤先拆除时，还要考虑极 1 与极 2 控制、保护极间关联关系，要先保留极 1 上的一些尾纤不能拆除，待极 2 停电后再进行拆除，一旦拆错，可能会影响极 2 运行。

（五）解析点评

此次 ±500kV 南桥换流站工程前期采用极 1 全部停电"边运行、边改造"的方式，后期极 1、极 2 全部停电最大化的保障电网的运行，避免了电力资源浪费，同时还可以保障工期。敢于打破常规，通过变换工序来压缩时间，因地制宜针对性的制定施工步骤，为系统调试赢得宝贵时间，也为后续同类型大型电网项目的改造提供了经验。

阀冷管道施工技术优化

摘要： 本文阐述了阀冷设备的拆除、安装过程，分析阀冷设备拆除、安装过程中的施工难点、重点，总结了相关施工经验，为后续同类工程施工提供了借鉴基础。阀冷系统以一个阀厅阀组为基础进行配置，每个系统与其他的冷却系统各自独立。本系统采用的是类似工程中目前最先进的工程方法。阀冷系统的设计和制造基准是保证装置在各种环境条件下满足换流阀的各种运行工况。

（一）实施背景

南桥换流站运行历时 33 年，阀冷管道老化，现有的阀冷设备已经不能满足安全稳定运行的条件，目前国内设备生产、施工工艺日益成熟，具备阀冷系统改造的条件。

（二）目标

解决设备老化问题，采用新设备、新技术满足换流阀的各种运行工况，阀冷系统能长期稳定运行，通过阀冷系统的改造保障了换流阀的安全运行能力，此次改造对软件和硬件同时进行了升级，系统中各机电单元和传感器由 PLC 自动监控运行，并通过 KP 操作面板的界面实现人机的即时交流。阀冷系统的运行参数和报警信息条即时传输至主控制器，并可通过主控制器远程操控阀冷系统。系统中所有仪表、传感器、变送器等测量元件装设于便于维护的位置，能满足故障后不停运直流检修及更换的要求。

（三）总体施工情况

±500kV 南桥换流站有极 1、极 2 两个阀厅，本次改造工程对阀内外水冷同时改造。对阀内水冷系统进行整体改造，将水冷系统控制屏与主泵、水管等分开布置，为内冷主泵建立专门的运行平台；对阀外冷水系统进行整体设备更换改造，所有阀冷系统需在原阀冷设备间和原有冷却塔基础上改造。

阀冷系统拆除时先进行解压，将压力泄至为 0Mpa，确保拆除过程中的人身安全，在进行排水、二次回路拆除工作。主要困难在于阀冷管道泄压、平行水管、U型水管排水工作。

1. 阀冷系统拆除流程

阀冷系统停运，断开主泵动力电源，可断开 400V 供电电源，断开阀冷系统直流供电电源。

（1）连接泄空排水管。在主机管道低位处，找到 2 个泄空阀，将排水管固定在球阀出口，排水口引至室外雨水井。在室外冷却塔内冷管道上，找到 2 个泄空阀，将排水管固定在球阀出口，排水口引至室外雨水井。

（2）内冷泄空排水。缓慢打开冷却塔内冷管上已连接排水管的泄空球阀，确保有水流出，排水正常。在阀厅顶部找到手动排气球阀，缓慢打开。过程中防止管道内的水喷出，确保有空气通过手动排气阀进入管道内，使大气与管道接通。打开主机管道已连接好排水管的球阀，多处泄空点同时排水，直至所有泄空点无水流出。

（3）换流阀排水、泄空。通过每个换流阀底部的泄空点，将换流阀内的水排空（可通过排水管引至室外雨水井或用水桶中转排水）。

（4）用防护袋将每个换流阀单独整体包裹，做好防护。拆卸前断开所有交流、直流供电电源，可先将所有屏柜交流、直流供电电源电缆接线拆除。拆卸仪表、水泵、电动阀等连接电缆，按照业主要求收集。将内冷系统仪表全部拆卸，按照业主要求收集。拆卸过程中防止残留水飞溅。

（5）阀厅管道拆卸。管道拆卸，按照末端阀组至阀冷设备间的顺序拆卸。拆卸管道前先将需拆卸的管道用麻绳绑牢，吊在支点上，防止螺栓全部取出后管道突然下坠。

拆卸前准备好小水桶，用来回收拆卸螺栓过程中管道内残留水。拆卸的每个螺栓、螺母、垫片都需要专门收集，禁止乱扔、乱放或掉落其他设备上。

（6）阀组供回水分支管道拆卸。拆卸管道前先将需拆卸的管道用麻绳绑牢，吊在支点上，防止螺栓全部取出后管道突然下坠。关闭供回水支路蝶阀。蝶阀处于关闭状态，才能正常取出。拆卸蝶阀螺栓过程中，需专人将蝶阀托住，防止螺栓拆除时蝶阀脱落。

（7）阀组供回水主管道拆卸（横向）。在主管两端的顶部钢梁上，各悬挂 1 个 1t 的葫芦。管道两端分别用吊带绑牢并挂在各自上方葫芦上。拉动两端的葫芦链条，使两端吊带绷紧，轻微受力。拆卸管道两端法兰螺栓，取出法兰垫片，有支架管码的，拆除管码、管座，使管道腾空悬挂。

拉动一端葫芦链条，使管道一端慢慢下降，直至管道一端放入升降平台车。拉动另外一端葫芦链条，使管道另外一端也落在平台车上。此时，整个管道已放在升降平台车上。将管道固定在升降车后，取下葫芦吊带，用升降车将管道送至阀厅底部。用小型随车吊将管道从平台车吊下并运输至业主要求的堆场。

（8）阀组供回水主管道拆卸（纵向）。由于靠墙的纵向管道空间位置允许，可使用 25t 吊车，将拆卸的管道直接吊下阀厅，然后再运输至业主指定堆场。

注意：管道吊下过程中，管道绑上牵引绳调节摆动幅度及方向，防止管道摆动发生碰撞。

（9）设备间及室外内冷管道拆卸。由于设备间与室外管道高度不高，可使用葫芦与随车吊配合拆卸。

（10）主机、辅机拆卸。根据业主要求，若要整体保留需要测量主机整体基座的长度和宽度，保障设备间门的尺寸可以通过，若不能，需要将门扩大。若无需整体保留，可将基座上的设备（主泵、管道、阀门等）分批拆卸后再将基座切割肢解拆卸。

2. **外冷设备及管道拆除**

（1）用排污泵将喷淋水池水抽干，排入污水井。

（2）用随车吊、葫芦配合，将外冷喷淋管道及喷淋泵拆除，吊出泵坑，运输至指定位置。

（3）用 25t 吊车，拆除冷却塔，并吊装运输至指定位置。

（4）反渗透清洗装置可直接拆除，反渗透装置可将压力容器单个拆除后再拆除框架。

（5）反渗透加药装置可直接拆除。注意：加药桶内存的药剂具有腐蚀性，回收时需要戴防护眼镜及防腐手套，穿水鞋。

3. **二次拆除**

一次部分，双极内阀冷供用补水箱，如果拆除或后续处理措施不慎，将导致极 2 无法补水，进而产生极大的安全风险，与运行单位水冷专职共同制定了拆除安措方案，首先关闭储水箱有关阀门，然后再拆除极 1 内冷设备间影响墙面加固的管道，拆除后加工堵头进行封堵，考虑到内冷水房改造期间，极 2 仍在运行，管道拆除后做好防污染、防磕碰措施。二次部分，在拆除极 1 阀冷设备时，还要先考虑极 1、极 2 阀冷之间有相关联的二次回路要先拆除，如果不进行先行拆除有可能会误投停极 2 运行的水冷设备，这些关联二次回路只有在老的阀冷设备才有，现在国内新的阀冷设备上已不再使用这种回路，新的阀冷设备独立性较强。

（四）创新成果及亮点

做好电土配合。华东送变电工程有限公司有着丰富的总承包施工经验，在施工过程中也一直在持续做好"电土"衔接，在发挥总承包优势上下功夫、动脑筋，降低专业之间磨合的消耗，挖掘专业之间配合的优势效益。在安全管理上，利用电气专业优势弥补土建专业在改造站施工的难点，对土建施工中的临电作业、地下管线勘探、成品设备保护等加强指导与监护。在工程进度上，相互协调配合，合理排布交安顺序，抓住新建电缆沟施工的关键路径，为二次保护调试工作争取时间。在质量管理上，电气专业提早介入土建施工，在基础施工阶段就对设备基础进行相应的复测，确保设备基础一次成型，减少设备基础质量问题带来的返工。

采用 BIM 技术研究避免管道碰撞。阀厅的通风空调系统和阀冷却系统关系重大，是保证换流阀正常运行的关键设备。阀内冷管道和风管都安装在阀厅屋面下，采用吊架或者托架固定在阀厅屋面梁上。阀内冷管道和风管不可避免的会产生交叉，在施工过程中，管道上的附件（如法兰盘、排气阀等）、管道支架、托架等在交叉处更易产生问题。采用 BIM 结合施工操作规范与施工工艺，进行建筑、结构、电气设备等专业的综合碰撞检查，解决各专业碰撞问题，完成施工优化设计，完善施工模型，提升施工各专业的合理性、准确性和可校核性。

（五）解析点评

重点做好厘清图纸，提前规划作业。运行 33 年的南桥换流站，历经消防系统、阀冷系统、雨水系统等多次改造。阀厅的通风空调系统和阀冷却系统就像血液系统一样，是保证换流阀正常运行的关键设备。施工过程中，阀内冷管道和风管不可避免会产生交叉，管道上的附件、管道支架、托架等在交叉处更易产生问题。为了避免管道碰撞，施工人员提前进驻现场拿着图纸进场勘察，与设计院沟通调整，确保了实际施工中管道的"0"碰撞、"0"返工。

附录 A ±500kV 南桥换流站设备改造工程换流阀更换专项施工方案

A.1 范　　围

本方案适用于国网上海超高压公司±500 kV 南桥换流站设备改造工程极 1、极 2 阀厅内换流阀的改造施工。规范性引用文件见 A.2 规范性引用文件一节中表 A.1 所示。

A.2 规范性引用文件

表 A.1　　　　　　　规范性引用文件表

序号	标准名称	标准号
1	《电气装置安装工程　电气设备交接试验标准》	GB 50150—2016
2	《电气装置安装工程　母线装置施工及验收规范》	GB 50149—2010
3	《电气装置安装工程　接地装置施工及验收规范》	GB 50169—2016
4	《±800kV 及以下换流站换流阀施工及验收规范》	GB/T 50775—2012
5	《高压直流输电工程启动及竣工验收规程》	DL/T 968—2005
6	《直流换流站电气装置安装工程施工及验收规范》	DL/T 5232—2019
7	《直流换流站电气装置施工质量检验及评定规程》	DL/T 5233—2019
8	《±800kV 及以下直流输电工程启动及竣工验收规程》	DL/T 5234—2010
9	《±800kV 及以下换流站母线、跳线施工工艺导则》	DL/T 5276—2012
10	《建筑施工高处作业安全技术规范》	JGJ 80—2016
11	《±800kV 换流站施工质量检验规程》	Q/GDW 10217.1～7—2017
12	《±800kV 换流站大型设备安装工艺导则》	Q/GDW 255—2009
13	《±800kV 直流系统电气设备交接试验》	Q/GDW 1275—2015
14	《±800kV 换流站母线、跳线施工工艺导则》	Q/GDW 257—2009
15	《±800kV 直流输电工程换流站电气二次设备交接验收试验规程》	Q/GDW 264—2009

续表

序号	标准名称	标准号
16	《国家电网有限公司电力建设安全工作规程　第 1 部分：变电》	Q/GDW 11957.1—2020
17	《输变电工程建设施工安全风险管理规程》	Q/GDW 12152—2021
18	《输变电工程建设安全文明施工规程》	Q/GDW 10250—2021
19	《输变电工程建设标准强制性条文实施管理规程》	Q/GDW 10248—2016
20	《国家电网有限公司基建安全管理规定》	国网（基建/2）173—2021
21	《国家电网有限公司输变电工程安全文明施工标准化管理办法》	国网（基建/3）187—2019
22	《国家电网有限公司输变电工程标准工艺标准库》	2022 版
23	《国家电网公司输变电工程标准工艺典型施工方法》	（第一辑、第二辑）
24	换流阀厂家提供的现场安装作业指导书	—

A.3　工　程　概　况

A.3.1　工程概况

葛南直流工程 1989 年 9 月 19 日极 1 直流系统投运，1990 年 8 月 20 日极 2 直流系统投运，双极换流阀及阀控设备为西门子公司生产制造。本期工程对双极换流阀进行更换，改造后换流阀仍采用空气绝缘、纯水冷却、悬吊式四重阀，阀片采用晶闸管和 IGBT 混合阀（即 CLCC 换流阀）。对换流阀阀塔与阀避雷器的更换不改变原有阀厅结构，新建换流阀和避雷器的尺寸和重量不超过原有设备。现有阀塔外观见图 A.1。

图 A.1　现有阀塔外观

A.3.2　工程设计特点、工程量

A.3.2.1　改造后换流阀特点

可控换相的 CLCC 换流阀具备可控关断能力，逆变器不会发生换相失败。CLCC 换流阀在正常运行期间，换流阀的外特性与传统 LCC 换流阀完全相同，不会改变换流器无功、交直流谐波、绝缘、过负荷等任何特性，特别适用于原有直流系统的改造。新型 CLCC 换流阀由主支路和辅助支路并联构成，主支路由常规晶闸管阀串联低压大电流 IGBT 阀构成，辅助支路由高压 IGBT 阀和高压晶闸管阀串联构成，基本结构形式见图 A.2。

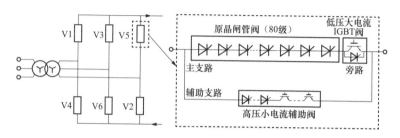

图 A.2　CLCC 换流阀基本结构形式

CLCC 换流阀采用悬吊式四重阀结构，每个单阀为两层双列结构包括 4 个阀模块，两层阀模块串联构成一列，一列为主阀模块，另一列为辅助阀模块，每个四重阀共 16 个阀模块，结构上形成一个阀塔，改造后阀塔结构见图 A.3。

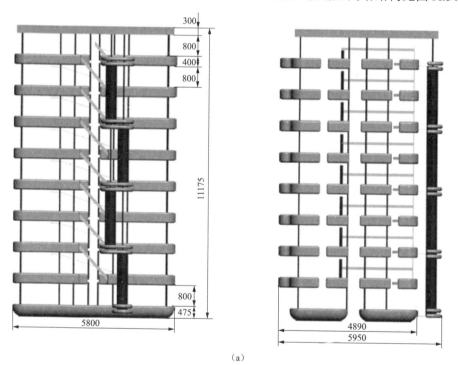

（a）

图 A.3　改造后的阀塔结构（一）

（a）阀塔侧视图

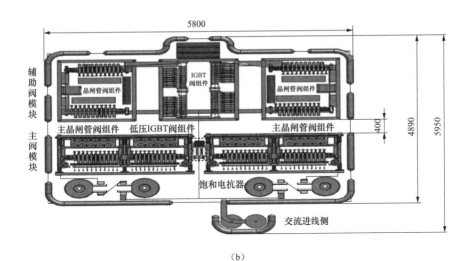

（b）

图 A.3　改造后的阀塔结构（二）

（b）阀模块俯视图

A.3.2.2　拆除及安装工程量

阀塔主要包括阀模块、底屏蔽罩、悬吊绝缘子、导电母排、水冷管路、光纤、阀避雷器等，相关拆除及安装工程量见表 A.2。

表 A.2　　　　　　　　　　　　拆除及安装工程量表

序号	名称	单位	数量
1	双极换流阀拆除	套	6
2	双极 CLCC 换流阀安装	套	6

单极阀塔换流阀每极器件及模块数量见表 A.3。

表 A.3　　　　　　　　　　　　换流阀每极器件及模块数量

序号	名称	单位	数量
1	四重阀中的单阀数目	个	4
2	每极四重阀数目	个	3
3	每极换流阀的单阀数目	个	12
4	每个单阀中的阀模块数目	个	4
5	四重阀塔层数	层	8
6	每个四重阀中的阀避雷器数目	只	8

考虑到施工的需要，阀厅内需要拆除部分影响施工的改造范围外的接地开关、支柱绝缘子、管型母线等。为方便设备及机械进出需要在阀厅侧面开门，并对运输阀厅外运输通道上的绿化、支柱绝缘子、检修箱、围墙等进行拆除，并对路面进行硬化。

A.4　施　工　准　备

A.4.1　技术准备

（1）施工前必须向安装、试验人员进行技术、安全的交底，并作好交底记录。升降平台车、电动葫芦、行车指定专人练习操作，并取得相关资质证书。为施工人员配置专用工作服、工作鞋。

（2）换流阀设备施工负责人组织安装人员学习老换流阀设备拆除施工流程、安全注意事项、CLCC 换流阀设备和各安装附件的安装说明书、安装规范。

（3）换流阀设备试验负责人组织试验人员学习换流阀设备合同、出厂试验报告和交接试验规程。

（4）换流阀拆除前对现场进行再次踏勘，确认拆除施工流程及安全措施。

（5）安装前应对设备主接线回路正确性进行核实，确保施工过程中设备安装与主接线图一致。

A.4.2　场地准备

因换流阀安装对施工环境要求较高，故需阀厅土建施工完毕进行了全封闭后并经过业主、监理、电气安装单位验收后方可进行施工安装，换流阀安装时阀厅应满足以下要求：

（1）阀厅内的地坪、屏蔽接地、电缆沟及盖板等设施已经完善。

（2）阀厅已密封（门、穿墙套管入口）和无尘，达到产品要求的清洁标准。

（3）阀厅通风和空调系统投入使用，厅内保持微正压，温度在 16～25℃为宜，相对湿度不大于 50%。

（4）阀塔悬挂结构以上的工作，光纤、电缆通道等都已完成。

（5）阀冷却系统已经安装完成，主管道水压试验经过验收并试运行。

（6）阀塔悬挂结构安装调整完毕（顶部钢梁）并已接地。

（7）阀厅四周无爆炸危险、无腐蚀性气体及导电尘埃、无严重霉菌、无剧烈振动冲击源，有防尘及防静电措施。

（8）施工及照明电源稳定并有配置备用电源及应急照明。

A.4.3　机具材料准备

现场所需机械、工具见表 A.4～表 A.6。

表 A.4　　　　　　　　　　配力矩扳手的六角套筒

序号	驱动头接口	规格	数量	用途	备注
1	3/4"	46	5 把	—	施工单位提供
2	1/2"	46	5 把	—	施工单位提供
3	1/2"	46 加长套筒	5 把	—	施工单位提供
4	1/2"	24	5 把	—	施工单位提供
5	1/2"	24 加长套筒	10 把	—	施工单位提供
6	1/2"	18	5 把	—	施工单位提供
7	3/8"	18	5 把	—	施工单位提供
8	1/2"	16	5 把	—	施工单位提供
9	3/8"	16	5 把	—	施工单位提供
10	1/4"	13	5 把	—	施工单位提供

表 A.5　　　　　　　　　　其他紧固用工具

序号	名称	规格	数量	用途	备注
1	内六角扳手	各规格	2 套	—	施工单位提供
2	棘轮扳手	7mm	5 把	—	施工单位提供
3	棘轮扳手	8mm	2 把	—	施工单位提供
4	棘轮扳手	16mm	5 把	—	施工单位提供
5	棘轮扳手	18mm	5 把	—	施工单位提供
6	棘轮扳手	24mm	5 把	—	施工单位提供
7	活动扳手	$L=375$	2 把	—	施工单位提供
8	活动扳手	$L=250$	2 把	—	施工单位提供
9	数显力矩扳手	1.5～30 Nm	2 把	用于 M24×1.5 水管接头	施工单位提供
10	数显力矩扳手	1.5～30 Nm	2 把	用于 D50PVDF 水管活接	施工单位提供

表 A.6　　　　　　　　　　其他工具

序号	名称	规格	数量	用途	备注
1	十字螺丝刀	大、小各半	4 把	—	施工单位提供

续表

序号	名称	规格	数量	用途	备注
2	一字螺丝刀	大、小各半	4 把	—	施工单位提供
3	剪刀		2 把	切割	施工单位提供
4	水平尺	3.5m（2 级精度）	2 件	平面度测量	施工单位提供
5	直角尺		2 个	—	施工单位提供
6	卷尺	5m	5 个	长度测量	施工单位提供
7	钢板尺	2m 量程	1 把	长度测量	施工单位提供
8	钢丝钳		4 把	切割	施工单位提供
9	斜口钳		4 把	校正	施工单位提供
10	木榔头		2 把	校正	施工单位提供
11	橡胶锤		2 把	校正	施工单位提供
12	手锯、锯条若干		2 套	切割	施工单位提供
13	砂轮切割机		1 台	切割铝绞线等	施工单位提供
14	手锉		4 套	打磨	施工单位提供
15	毛刷		8 把	涂抹导电膏	施工单位提供
16	电动钻	配 9mm 钻头	1 把	光纤槽板现场补孔	施工单位提供
17	电动扳手及套筒		2 把	拆包装箱用	施工单位提供
18	电动抛光机		1 把	母排搭接面抛光	施工单位提供
19	电源接线盘	20A 50m	3 个	移动设备接线	施工单位提供
20	吸尘器	小型	2 个	环境控制	施工单位提供
21	吊带	2t×6m	8 条	吊装（高端）	施工单位提供
22	吊环螺钉	M24	32 个	吊装	施工单位提供
23	U 形卸扣	T-DW2 d14/D16	8 个	—	施工单位提供
24	剥线钳		1 个	剥线	施工单位提供
25	压线钳		1 个	连接	施工单位提供
26	网线钳		1 个	连接	施工单位提供
27	手电筒		6 个	光纤测试	施工单位提供
28	对讲机		4 部	检修通话	施工单位提供
29	万用表		2 台	验电、检验旁路开关状态	施工单位提供
30	千斤顶		2 台	—	施工单位提供
31	胶枪		5 把	点胶	厂家提供
32	数字万用表	0.01mV	2 个	测试	施工单位提供
33	压力表	9bar	2 个	流量平衡测试	施工单位提供
34	压力表	4bar	2 个	流量平衡测试	施工单位提供

续表

序号	名称	规格	数量	用途	备注
35	超声波流量计	Flexons F601	1 个	流量平衡测试	厂家提供
36	回路电阻测试仪	MOM2 手持式	1 套	接触电阻测量	每阀厅各一套，厂家提供
37	光纤测试仪		1 套	光纤测试	
38	全站仪		1 套	调平使用	施工单位提供
39	链条葫芦	3t、5t	各 2 套	换流阀拆除、安装	施工单位提供
40	电动葫芦	5t×22m	4 套	换流阀拆除、安装	厂家提供

A.4.4　交接验收

（1）土建成品交接验收由业主项目部组织，土建单位和电气单位的技术人员、质检员等参加。

（2）按照施工图上所标示的尺寸，测量钢结构吊耳位置，比较实际测量的数值与施工图上所标示的数值，核对计算数值是否在规范允许的偏差范围内，保证系统与轴线之间的平行度和垂直度。

（3）安装阀塔之前阀厅内基建应已完成。如果需要完成小型基建工作，应在专设场地进行，以最大限度减少阀塔上积灰。

（4）在换流阀阀塔安装开始前，阀供货商参与阀厅的验收和工作环境评测，确认是否满足换流阀施工要求。

（5）阀内冷系统（不含换流阀）已进行管道清洗，满足与换流阀水冷系统对接的条件。

（6）阀厅底部主光纤桥架已安装到位，并在阀供货商参与下完成安装质量检验，转弯半径满足要求，不得有毛刺和尖角。

（7）阀厅顶部钢梁结构已完成彻底清扫和清洁，不能有遗漏的金属件、工具等杂物，以防在后期换流阀施工过程中掉落造成事故。

A.5　施　工　流　程

A.5.1　换流阀拆除

A.5.1.1　原阀塔结构

原阀塔为悬吊式的四重阀塔结构，通过过渡框架悬吊在阀厅屋架上，每极阀厅内各悬吊有 3 个四重阀塔，每个四重阀塔由 4 个单阀组成；每个单阀由 4

个半层阀组成，其结构见图 A.4。

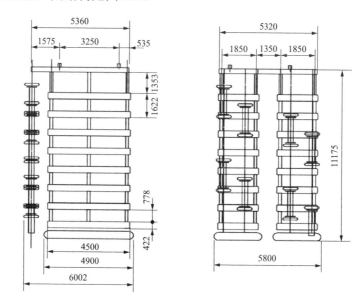

图 A.4　原阀塔结构

A.5.1.2　拆除流程

为了方便施工人员更直观的了解阀厅内换流阀拆除步骤，项目部已提前制作了拆除视频动画，具体步骤如下：

（1）阀冷水管泄压、放水（见阀冷设备改造方案）；

（2）阀冷主设备机组、控制柜拆除（见阀冷设备改造方案）；

（3）阀侧封堵及连接管母线、软母线拆除，对换流变压器进行移位；

（4）阀光纤及阀塔内光纤槽盒拆除；

（5）阀避雷器拆除；

（6）阀塔顶部及周围屏蔽罩拆除；

（7）阀塔内主水管及分支水管拆除；

（8）导电铝排拆除；

（9）阀基电子柜（VBE）拆除；

（10）阀组件及电抗器拆除；

（11）阀塔阀层框架拆除；

（12）底层屏蔽罩及框架拆除；

（13）S 型水管拆除；

（14）顶部框架及悬吊支撑绝缘子拆除；

（15）阀厅内水冷管道拆除；

（16）拆除设备包装运至指定位置。换流阀拆除流程示意图见图 A.5～图 A.17。

图 A.5　换流阀拆除流程示意图 1

图 A.6　换流阀拆除流程示意图 2

图 A.7　换流阀拆除流程示意图 3

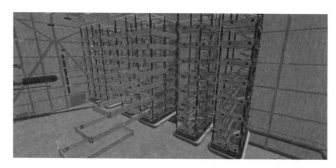

图 A.8　换流阀拆除流程示意图 4

图 A.9　换流阀拆除流程示意图 5

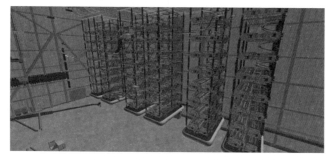

图 A.10　换流阀拆除流程示意图 6

图 A.11　换流阀拆除流程示意图 7

图 A.12　换流阀拆除流程示意图 8

图 A.13　换流阀拆除流程示意图 9

图 A.14　换流阀拆除流程示意图 10

图 A.15　换流阀拆除流程示意图 11

图 A.16 换流阀拆除流程示意图 12

图 A.17 换流阀拆除流程示意图 13

A.5.1.3 拆除方法

（1）在阀塔顶部钢梁上的两根辅梁上悬挂两台电动葫芦，电动葫芦站位可根据现场实际需要更换位置；

（2）用两根 8m 长吊带捆绑在拆除件合适位置；

（3）顶部框架上的吊带捆绑完后，把吊带挂在电动葫芦的吊钩上；

（4）缓缓起吊，调整吊钩内的吊带，可以水平下降，确保拆除件可以稳步安全的放置地面；

（5）在拆除部件起吊的过程中，升降平台在拆除部件的侧边下面跟随缓缓下降，当拆除部件到达合适的位置后，停止下降。

A.5.2 换流阀安装流程

在安装过程中，需要进行检测和调整，并且需要与水冷安装和试验、光纤敷设与检测等交叉进行；也可能集中进行某些工作，并不要求单个阀塔全部完成才可进行下一个阀塔的安装，在实际工程进行时要相互协调与配合。换流阀安装施工流程图见图 A.18。

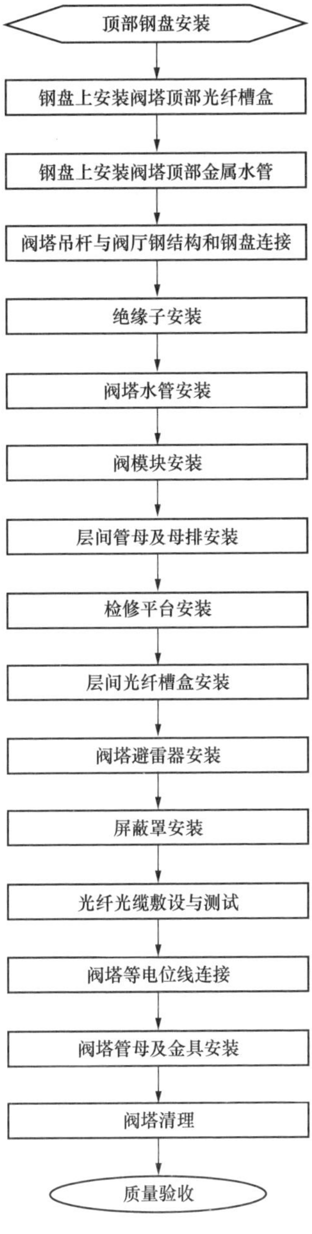

A.5.2.1　准备工作

阀厅内部布置：阀厅内搭设材料架，材料堆放整齐并按国家电网有限公司标准化施工要求做好标识；对阀厅进行安全文明施工布置，设置专用更衣橱、鞋柜，阀厅施工区域及走道敷设塑料地板，张贴阀厅进出管理制度，非工作人员不得入内。阀厅内禁止吸烟，阀厅入口处要有告示牌，阀厅时刻保持洁净，落实专人专责打扫。设置专用的垃圾回收装置，作业现场产生的垃圾应及时放入垃圾回收装置。

A.5.2.2　顶部钢盘安装

按照厂家图纸 CVA_MVU_FR_AS_5003 的要求把钢盘组装在一起。按照图纸要求调整需要保证的孔间距。钢盘示意图及组装螺钉示意图见图 A.19。

M22 螺栓拧紧力矩 400Nm，M16 螺栓拧紧力矩 140Nm，M12 螺栓拧紧力矩 60Nm。

钢盘螺杆吊座按照图 A.20 位置方向安装。吊座法兰面与钢盘贴平，钢盘螺杆吊座安装螺钉见图 A.21。

A.5.2.3　钢盘上安装阀塔顶部光纤槽盒安装

（1）按照图 A.22，将顶部光纤槽安装在钢盘上。钢盘上是通孔，支架上 M8 螺纹孔。图 A.23 组合螺钉 GB70-2_M8×25_PT 穿过。

（2）按照图 A.24，将顶部光纤槽安装在支架上。光纤槽对接位置缝隙调整均匀，衔接面水平。

A.5.2.4　钢盘上安装阀塔顶部金属水管

阀塔顶部水管安装细节及示意图分别见图 A.25 和图 A.26。

图 A.18　换流阀安装施工流程图

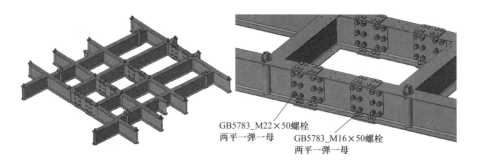

GB5783_M22×50螺栓
两平一弹一母　　GB5783_M16×50螺栓
　　　　　　　　两平一弹一母

图 A.19　钢盘示意图及组装螺钉示意图

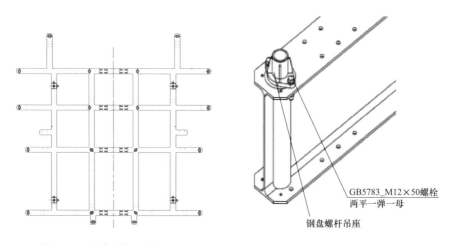

GB5783_M12×50螺栓
两平一弹一母

钢盘螺杆吊座

图 A.20　钢盘螺杆吊座位置　　　　图 A.21　钢盘螺杆吊座安装螺钉

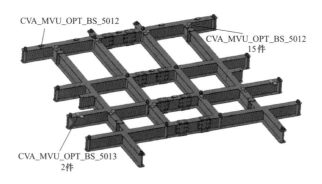

CVA_MVU_OPT_BS_5012

CVA_MVU_OPT_BS_5012
15件

CVA_MVU_OPT_BS_5013
2件

图 A.22　钢盘上顶部光纤槽支架分布

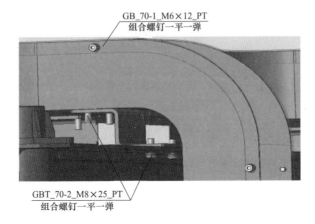

图 A.23 顶部光纤槽支架安装

图 A.24 阀塔顶部光纤槽示意图

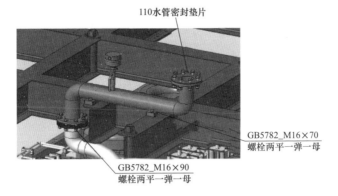

图 A.25 阀塔顶部水管安装细节

A.5.2.5 阀塔吊杆与阀厅钢结构和钢盘连接

吊杆伸出阀厅钢结构固定梁上表面 535mm。可将 4 根吊杆在下面画好参照线。

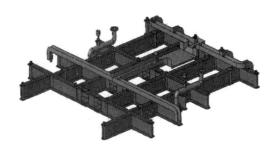

图 A.26 阀塔顶部水管安装示意图

注：尺寸 535mm 可调整，它是根据钢盘上表面距离地面 16175mm 计算得出，如果阀厅钢结构实际高度与现有资料存在误差，以实际保证钢盘上表面距离地面 16175mm 为准。安装吊杆时，以吊座下表面距离地面 16175mm 为参照尺寸，对吊杆高度进行调整。将四个吊座下表面调整到一个水平面内再进行钢盘安装。钢盘安装后如果不水平，可通过调节吊座与吊杆之间的花篮螺栓调平。

安装时先按照高度位置拧入第一个螺母，不打力矩，第二个螺母拧紧力矩 400Nm。

吊杆与花篮螺栓连接的 M36 螺栓，双螺母，第一个螺母拧紧力矩 60Nm，第二个螺母拧紧力矩 200Nm。140×140×30 垫板焊接在钢梁上，位置尺寸按照阀厅布局图。阀塔吊杆与钢梁安装示意图见图 A.27。

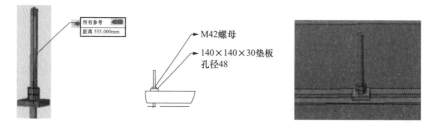

图 A.27 阀塔吊杆与钢梁安装示意图

葛南工程为改造工程，极 2 阀厅可以利用原有的垫板，极 1 阀厅的阀塔与工程相比有变动，需要重新焊接垫板。根据设计院"南桥站阀厅电气平面布置图 2022-5-5"内容，极 1 阀厅 3 个阀塔位置视图水平方向左移 425mm，极 2 阀厅四重阀避雷器位置视图水平方向右移 425mm。极 1 阀厅阀塔位置图见图 A.28，极 1 阀厅 A、B、C 相阀塔顶部安装位置示意图分别见图 A.29～图 A.31。

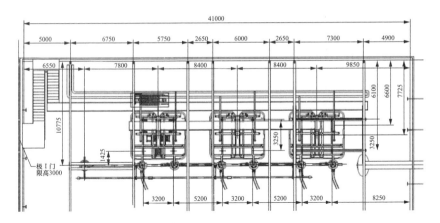

图 A.28 极 1 阀厅阀塔位置图

图 A.29 极 1 阀厅 A 相阀塔顶部安装位置示意图

图 A.30 极 1 阀厅 B 相阀塔顶部安装位置示意图

　　阀塔顶部吊杆的垫板与原钢结构上的焊接板存在位置干涉，需要在干涉位置打孔，根据现场实际情况孔适当打大一些，确保吊杆能从下方穿过。140×140×30 垫板焊接在原来的板上，如果不合适可将原来的焊接板整体切掉。

　　吊杆通过花篮螺栓和吊座与钢盘连接，见图 A.32～图 A.35。

图 A.31　极 1 阀厅 C 相阀塔顶部安装位置示意图

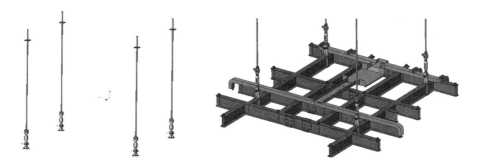

图 A.32　阀塔吊杆示意图　　　图 A.33　阀塔吊杆与钢盘连接示意图

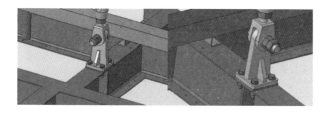

图 A.34　吊座与钢盘连接示意图

阀塔顶部吊座与工字钢连接的 M20 螺栓拧紧力矩 300Nm。

初步调整花篮螺栓的两个安装轴之间距离为 570mm，后面可根据实际情况进行微调。

注：花篮螺栓的两个 M42 螺母紧固不宜使用力矩扳手操作，可使用活扳手人力拧紧。

A.5.2.6　阀塔绝缘子安装

如安装物料清单所示，一共有 5 种规格的绝缘子（绝缘杆）。

绝缘子与金具安装，绝缘子螺纹与金具螺纹配合时，使用绝缘子轴肩定位，后续安装模块过程中，如有必要可旋转绝缘子进行长度方向微调，旋转角度小于 180°。

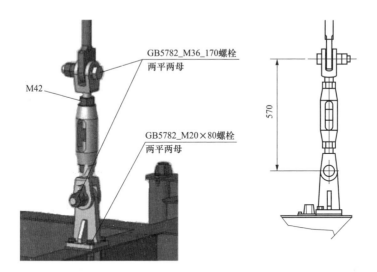

GB5782_M36_170螺栓
两平两母

M42

GB5782_M20×80螺栓
两平两母

570

图 A.35　吊座、花篮螺栓连接示意图

按照一层绝缘杆一层模块的方式安装。先安装第一层绝缘杆，见图 A.36
和图 A.37。

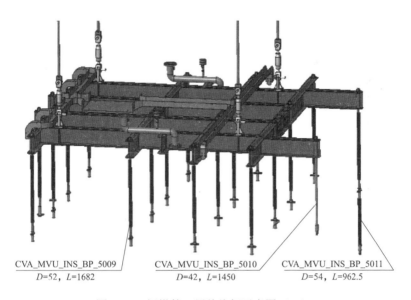

CVA_MVU_INS_BP_5009
D=52，L=1682

CVA_MVU_INS_BP_5010
D=42，L=1450

CVA_MVU_INS_BP_5011
D=54，L=962.5

图 A.36　阀塔第一层绝缘杆示意图（一）

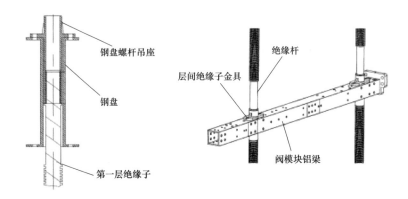

钢盘螺杆吊座

钢盘

第一层绝缘子

绝缘杆

层间绝缘子金具

阀模块铝梁

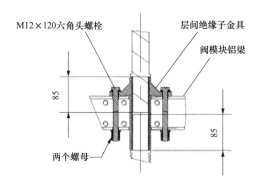

M12×120六角头螺栓

层间绝缘子金具

阀模块铝梁

两个螺母

图 A.37　阀塔第一层绝缘杆示意图（二）

层间绝缘子金具与阀模块铝梁连接使用 M12×120 六角头螺栓，下面安装两个螺母，靠近铝梁第一个螺母拧紧力矩 15Nm，第二个螺母拧紧力矩 60Nm。

第二层到第八层安装层间绝缘子 CVA_MVU_INS_BP_5002，安装方式参照第一层（见图 A.38）。完成第八层模块安装后，安装底层绝缘子（见图 A.39 和图 A.40）。

A.5.2.7　阀塔水管安装

第一层左右水管是对称件。层间水管安装时参照安装图纸 CVA_MVU_HYD_AA_5001。阀塔第一层水管安装示意图见图 A.41。

连接层间水管与三通，见图 A.42，使用螺栓 M16×90 将层间水管安装在水管三通上。特别注意：安装层间主水管时，上紧螺栓前应确保密封垫片与法兰盘完全对中，螺栓必须对角分三次上紧到规定力矩 75Nm。

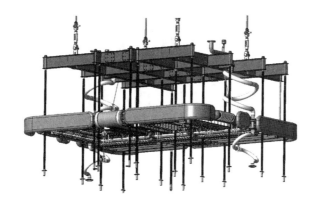

图 A.38 阀塔第二层绝缘子示意图

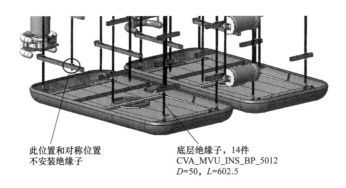

此位置和对称位置
不安装绝缘子

底层绝缘子，14件
CVA_MVU_INS_BP_5012
D=50，L=602.5

图 A.39 阀塔底层绝缘子示意图

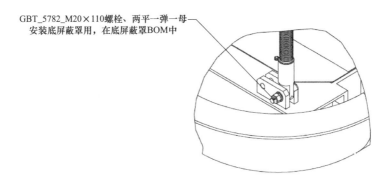

GBT_5782_M20×110螺栓、两平一弹一母
安装底屏蔽罩用，在底屏蔽罩BOM中

图 A.40 阀塔底层绝缘子与底屏蔽罩连接示意图

A.5.2.8 阀模块安装

（1）将 V14 避雷器组装在辅助支路 V14 模块的绝缘梁上。模块安装完成后和辅助支路层间屏蔽罩一起安装。

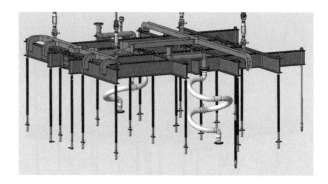

图 A.41　阀塔第一层水管安装示意图

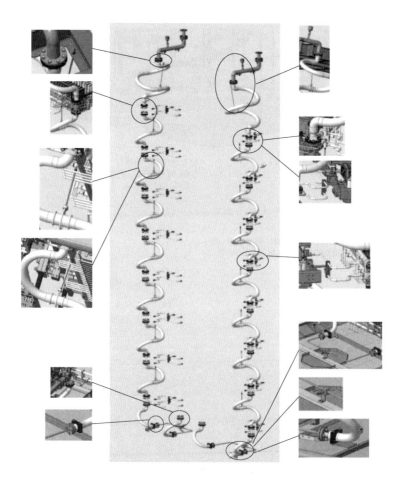

图 A.42　阀塔水管安装示意图

（2）将层间屏蔽罩预组装在对应的模块上。阀模块示意图见图 A.43 和图 A.44。

因为安装平台车吊链可能会碰到阀塔屏蔽罩，所以（1）、（2）两项放在后面安装。主支路角屏蔽罩和 V12 屏蔽罩可以预组装在模块上。

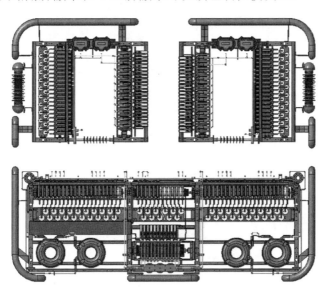

图 A.43　奇数层阀模块示意图

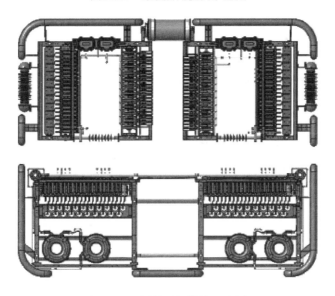

图 A.44　偶数层阀模块示意图

第一层模块安装在第一层绝缘子上。绝缘子金具与阀模块铝梁连接方式参照图 A.45。

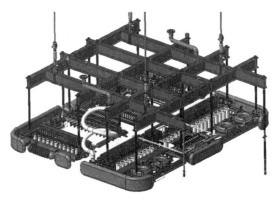

图 A.45　第一层阀模块安装示意图

安装第一层 V13 避雷器。安装方式参照图 A.46。

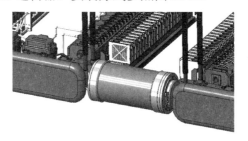

图 A.46　V13 避雷器安装示意图

依次安装二到八层模块，第二层模块安装示意图见图 A.47。

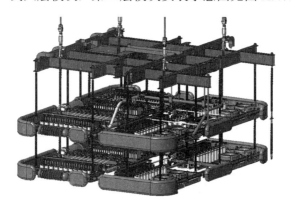

图 A.47　第二层模块安装示意图

　　模块标牌安装，序列号标牌在组装阀模块时安装，位置标牌到现场安装（见图 A.48 和图 A.49）。

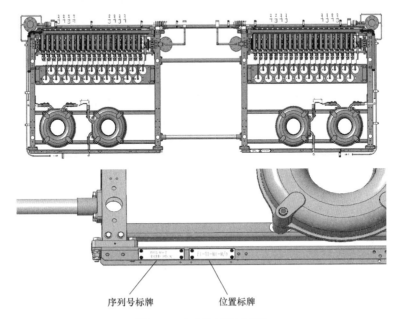

序列号标牌　　　　　位置标牌

图 A.48　主支路标牌示意图

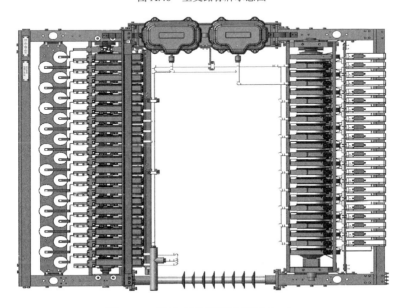

图 A.49　辅助支路标牌示意图（一）

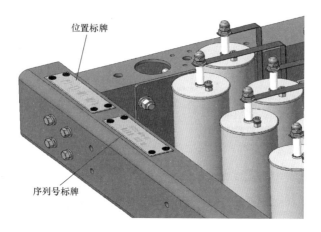

图 A.49　辅助支路标牌示意图（二）

A.5.2.9　层间管母及母排安装

　　极 1 阀塔为正 500kV 阀塔，极 2 阀塔为负 500kV 阀塔。极 1 阀厅阀塔（正 500kV）避雷器安装位置和管母连接方向见图 A.50。

　　极 2 阀厅阀塔（负 500kV）避雷器安装位置和管母连接方向见图 A.51。如图 A.52 所示为正 500kV 阀塔的管母旋向，图 A.53 所示为负 500kV 阀塔的管母旋向。

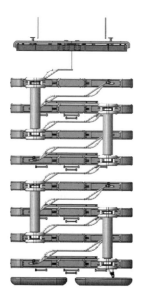

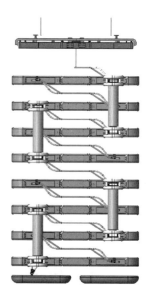

图 A.50　正 500kV 阀塔　　　　　　　图 A.51　负 500kV 阀塔

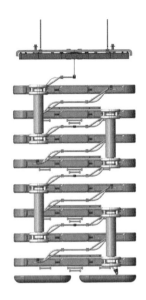 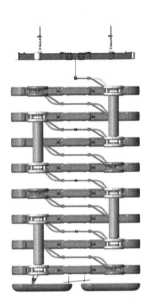

图 A.52 正 500kV 阀塔的管母旋向示意图　　图 A.53　负 500kV 阀塔的管母旋向示意图

层间母排安装前，采用"十步法"工艺，并按照图纸要求进行母排安装。

主回路母排连接具体处理方法按照"十步法"进行：

第一步：逐个接头明确直阻控制值、力矩要求值。

第二步：逐人开展专项技能培训，对承担接头检查和处理工作的具体作业人员进行培训，明确关键工艺控制点，并在地面上模拟装配合格后方可上岗。

第三步：直阻控制值没有明确标准，根据运行经验，对各区域的接头直阻按以下值控制，对超过控制值的接头进行解体检查处理。阀厅区域，测量范围为从换流变压器阀侧套管至直流穿墙套管，接头直阻按 10μΩ 控制。

第四步：精细处理接触面，检查接触面是否平整，有无毛刺变形；检查镀层是否完好无氧化。用百洁布或 600 目细砂纸打磨接触面；用无水酒精清洁两侧接触面上的污渍。

第五步：均匀薄涂凡士林或导电膏，并将凡士林或导电膏涂抹均匀。用不锈钢尺由里到外刮去多余部分，使两侧接触面上存留的凡士林或导电膏均匀平整。

第六步：均衡牢固复装。涂抹导电膏的接头应在 5min 内完成连接。复装时应更换新的螺栓、弹垫，并注意铜铝接头是否安装有过渡片。用力矩扳手按要求的拧紧力矩上紧螺栓，紧固螺栓时应先对角预紧、再拧紧，保证接线板受力均衡，并用记号笔做标记。

第七步：用规定的力矩对每个接头力矩进行逐一检查，对不满足要求的接头重新紧固并用记号笔画线标记。

第八步：复测直流电阻。检测复装后的接头直阻，应小于控制值，如不符合要求，重复以上工序。

第九步：80%力矩复验。用力矩扳手按 80%的要求力矩复验力矩；检验合格后，用另一种颜色的记号笔标记，两种标记线不可重合。

第十步：全程双签证。各站在每个作业小组中指定一人，全过程负责作业监督，如有不符合规定的操作流程应及时制止。全部工作应有作业人员和监督人员双签证。

层间母排全部安装完成后，按照《阀塔调试规程》的要求测量所有接触面的接触电阻，如接触电阻大于超过 $2\mu\Omega$，应重新对接触面进行处理。

母排安装：

（1）主支路电抗器连接排安装见图 A.54，母排一端连接在主支路 V11 电抗器上，另一端通过软母排连接在 V11 避雷器端子板上。软母排与避雷器端子板连接时，左边安装在端子板上侧，右边安装在端子板下侧。

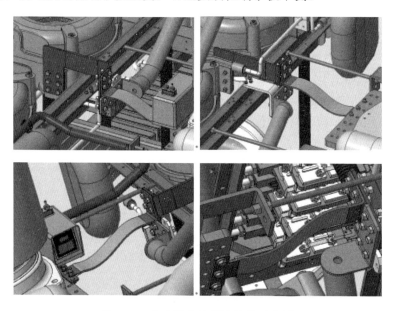

图 A.54　主支路电抗器连接排示意图

（2）按照逐层的方式安装管母（见图 A.55～图 A.57）。

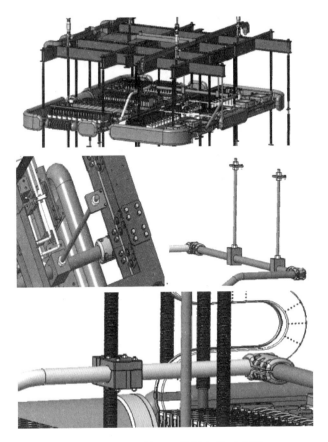

图 A.55　阀塔第一层管母安装示意图

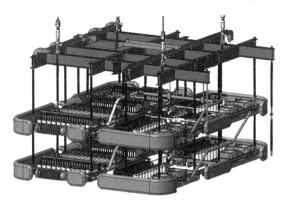

图 A.56　阀塔第二层管母安装示意图

（3）主支路层间管母安装，其安装示意图见图 A.58。

图 A.57　阀塔底层管母安装示意图

图 A.58　主支路管母安装示意图

（4）辅助支路层间管母安装，其安装示意图见图 A.59。

图 A.59　辅助支路管母安装示意图

（5）V14 避雷器连接排安装，其安装示意图见图 A.60。

A.5.2.10　检修平台安装

每两层模块安装一层检修梯。检修平台安装示意图和分布图分别见图 A.61 和图 A.62。

A.5.2.11　层间光纤槽盒安装

阀层间光纤槽固定在阀模块框架的外侧，由阀模块的光纤槽固定角件固定支撑。光纤槽安装后，暂时不安装光纤槽盖，在光纤敷设完毕后再安装光纤槽盖。

图 A.60　V14 避雷器连接排安装示意图

图 A.61　检修平台安装示意图

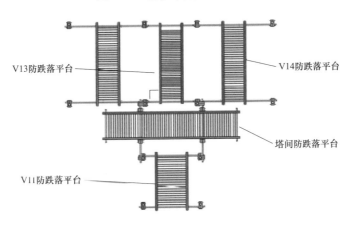

图 A.62　检修平台分布图

注意：阀塔有两个角需要安装检漏计光纤的光纤槽，安装位置与底屏蔽罩内的光纤槽支撑角件对应。

光纤槽有 6 路，主支路 2 路，辅助支路 4 路。安装每层模块的时候将对应的光纤槽安装好。阀塔层间光纤槽盒分布图和安装细节分别见图 A.63 和图 A.64。阀塔底层光纤槽位置和阀塔层间光纤槽盒与模块位置关系分别见图 A.65～图 A.67。

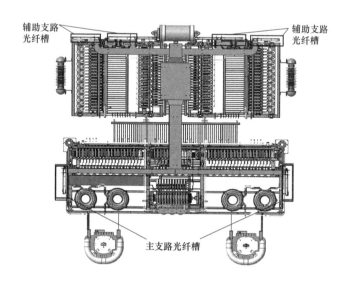

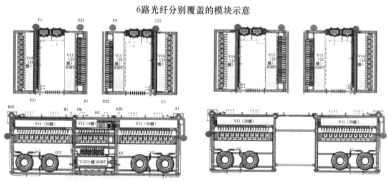

图 A.63　阀塔层间光纤槽盒分布图

A.5.2.12　阀塔避雷器安装

阀塔有 4 种避雷器：

（1）V12 避雷器在组装模块的时候已经和模块组装在一起。

（2）V14 避雷器安装在 V14 绝缘梁上（见图 A.68）。

（3）V13 避雷器在每层安装完成后，安装在避雷器吊杆上，并与 V13 铝梁连接见图 A.69 和图 A.70。

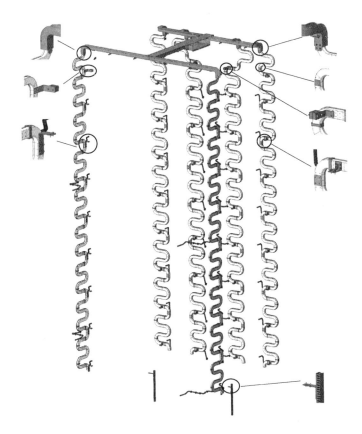

图 A.64　阀塔层间光纤槽盒安装细节

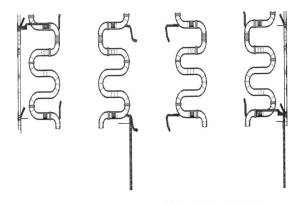

图 A.65　正 500kV 阀塔底层光纤槽位置

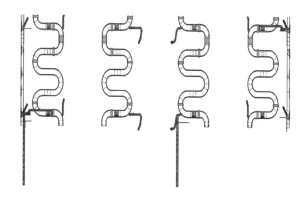

图 A.66　负 500kV 阀塔底层光纤槽位置

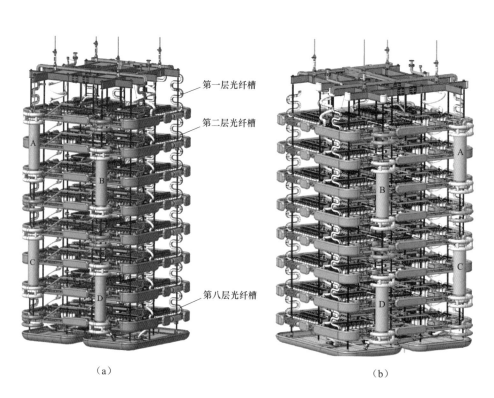

（a）

（b）

图 A.67　阀塔层间光纤槽盒与模块位置关系

（a）正 500kV 阀塔；（b）负 500kV 阀塔

图 A.68 V14 避雷器安装

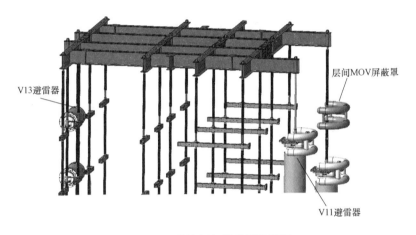

图 A.69 绝缘杆与避雷器连接图

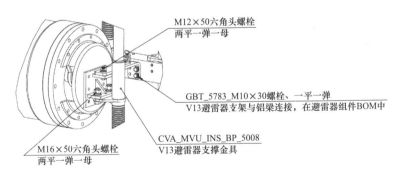

图 A.70 绝缘杆与 V13 避雷器连接图

（4）V11 避雷器有 4 个，其中 A 在第 3 层模块安装时安装，B 在第 5 层模块安装时安装，C 在第 7 层安装，D 最后安装。

A.5.2.13 屏蔽罩安装

阀塔层间屏蔽罩示意图、安装细节图、印字位置分别见图 A.71～图 A.73。

图 A.71　阀塔层间屏蔽罩示意图

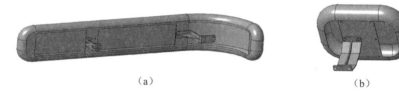

（a）

（b）

图 A.72　阀塔层间屏蔽罩安装细节图

（a）主支路角屏蔽罩；（b）层间小屏蔽罩

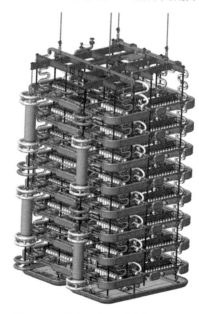

图 A.73　阀塔层间屏蔽罩印字位置

底屏蔽罩（见图 A.74）通过 4 个吊点安装在阀塔底层绝缘子上，左右底屏蔽罩为通用组件，安装时注意按照图 A.75 位置的孔安装。

图 A.74　阀塔底部屏蔽罩外形图

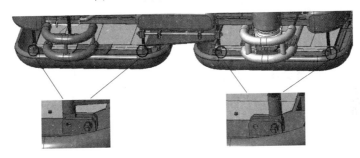

图 A.75　阀塔底部屏蔽罩吊座安装图

A.5.2.14　光纤光缆敷设与测试（需要二次确认）

在敷设光纤前应对光纤进行检测，确保光纤完好，并记录损坏光纤编号。光纤的敷设应遵循《工程现场光纤安装指南》的要求，不得弯折。

光纤很脆弱，在光纤敷设时应注意保护光纤，不能强行拉拽。敷设光纤时应始终保证分散光纤转弯半径不小于 50mm，光缆转弯半径不小于 260mm。注意光纤不能拉直而应松弛，光纤槽内固定光纤时扎带应呈圆头状。

光纤敷设完成后，按照《阀塔调试规程》进行光纤的光功率损耗测试，测试完毕后，在确定无误情况下，在所有的光纤槽上安装光纤槽盖，同时对光纤槽进行封堵。

光纤敷设完毕，并完成光纤损耗测试和电气测试后，所有备用光纤接头都要进行电位固定。阀模块内的备用光纤固定在模块之间的备用光纤托盘内。

（1）VBC 侧光纤敷设：

1）准备工作。

a. 保证 VBC 机柜到阀塔之间光纤路径通畅，清理杂物并确认沿途能轻松走线。需要越过光纤路径移动的设备或成箱元器件应在敷设光纤之前搬运完毕。

b. 对光纤进行拆箱测试，看其是否满足敷设要求，测试完成后应及时进行敷设，并加强防护。

c. 检查并确认光纤路径上没有可能损坏光纤的尖角或突出物体。

d. 阀塔和 VBC 之间敷设光纤区域应设置护栏，禁止非工作人员入内。

2）光纤固定。VBC 内部垂直部分光纤固定时，使用专用光纤扎带将光纤

固定在指定位置，水平部分可以用 PVC 胶带或扎带进行固定，固定时需要用泡沫保护光纤（见图 A.76）。

3）辅助光纤。辅助光纤敷设方法与敷设 VBC 和阀塔之间光纤的方法相似。根据实际需要剥去保护套，光纤顺着阀塔上的 S 型光纤槽敷设到相应的设备上。

4）VBC 侧光纤连接。各组光纤均连接至 VBC 机柜触发与监测板卡背面的光纤托

图 A.76　光纤固定图

盘上。然后需要将光纤接到板卡背面的光纤连接耦合器中。

现场 VBC 机柜内光纤敷设应按照如下要求进行：

a. 光纤敷设顺序：首先敷设 VBC 与阀塔间光纤，随后是 VBC 内部级联信号光纤和并联信号光纤，然后是 VBC 与控制保护间信号光纤，最后是 Profibus 通信电缆和 GPS 时钟电缆。

b. 触发与监测机箱上的 2 块主控板的光纤要左右分开，不能交叉，即主控板 A 的所有光纤从机柜右侧上光纤托盘，主控板 B 的所有光纤从机柜左侧上光纤托盘，见图 A.77。

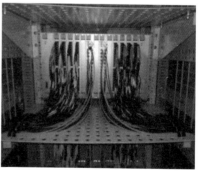

图 A.77　光纤上光纤托盘

c. 光纤成束时用绝缘胶带绑扎，光纤束绑扎在光纤托盘上时用扎带绑扎，绑扎点需用维克牢保护。

d. 敷设触发与监测机箱上光纤时，光纤绑扎在光纤托盘的内侧，每块主控板上光纤用绝缘胶带绑成一束后绑扎在托盘的外侧。光纤绑扎在托盘后，其高度不能影响板卡拔出，见图 A.78。

e. 机柜内部的预留长度以不影响板卡拔插为准，其余光纤余量均放到机柜下，见图 A.79。

图 A.78　TTM 光纤绑扎　　　　　　图 A.79　光纤余量敷设

f. 通信与控制机箱光纤对应板卡绑扎成束，两个通信与控制机箱光纤敷设要严格对称，见图 A.80。

g. 柜间不成缆光纤需穿管保护，防止做防火封堵对光纤造成损伤，见图 A.81。

图 A.80　TTM 光纤绑扎　　　　　　图 A.81　光纤余量敷设

注意：备用光纤盖好光纤帽后绑好放在机柜侧面托盘上，损坏光纤要及时剪掉；光纤敷设完成后，VBC 屏柜需保证整洁美观。

（2）阀塔侧光纤敷设：

1）安装前准备工作。

a. 检查 VBC 机柜到阀塔之间光纤路径通畅，清理杂物并确认沿途能轻松走线。需要越过光纤路径移动的设备或成箱元器件应在敷设光纤之前搬运完毕。

b. 检查并确认光纤路径上没有可能损坏光纤的尖角或突出物体。

c. 阀塔和 VBC 之间敷设光纤区域应设置护栏，禁止非工作人员入内。

d. 要求施工单位在阀厅顶部安装安全绳，如没有，可拒绝敷设光纤。

e. 对光纤进行拆箱测试，看其是否满足敷设要求，测试完成后应及时进行敷设，并加强防护。

f. 人员安排（仅施工队人员）：升降平台车 3 人，阀塔顶部 2 人，阀塔底部 2 人，由所敷光纤阀塔至阀厅光纤槽末端，每隔 6~7m 安排 1 人，每个转角处安排一人，竖井垂直段安排 1~2 人。

2）光纤敷设。

a. 根据《葛南工程换流阀及光纤编号规则技术规范》及光纤编号表确认阀塔与屏柜的对应关系，阀塔编号规则见图 A.82。

b. 阀塔相角示意图见图 A.83。光纤敷设以相角为单位，每个相角对应一个阀塔光纤槽口，每次敷设一角，利用叉车一次性将光纤送至阀塔底部相应位置。通过调整升降平台车的高度，完成不同层的光纤敷设。

c. 位置说明：阀厅 P1、P2 对应极 1、极 2。

阀塔 T1、T2、T3，靠近控制楼的阀塔为 T1。

模块层数 M1~M8，M1 为最上层，奇数层有 V12、V12P，偶数层无 V12、V12P（见图 A.84）。

V11 为主支路晶闸管阀，V12 为主支路 IGBT 阀，V12P 为主支路旁路晶闸管阀，V13 为辅助支路 IGBT 阀，V14 为辅助支路晶闸管阀。

每层模块子阀段相对位置，A、B 为 VN1 子阀两阀段，D、E 为 VN3 子阀两阀段，C、F 为 VN4 子阀两阀段，G 为 VN2IGBT 阀，H 为 VN2 旁路晶闸管阀具体参考角位对应位置图。N 为 Y/D 桥臂 1~6 对应编号，详见模块编号图。

以阀塔 A 角为例，在敷设光纤时，将对应光纤沿阀塔底部 S 形光纤槽往上敷设，第一层模块的光纤由光纤过度桥架上光纤出口伸出后，沿阀模块光纤槽进行敷设，并将光纤接至对应的子模块内。

d. 多余的光缆在满足控制室预留长度的要求后，沿原路退回到光缆沟内的光纤槽盒内，盘好放置。阀模块光纤是由光缆和不成缆光纤组成，阀塔内部为不成缆光纤。

e. 完成阀塔的敷设及临时固定后，进行光纤整理工作。

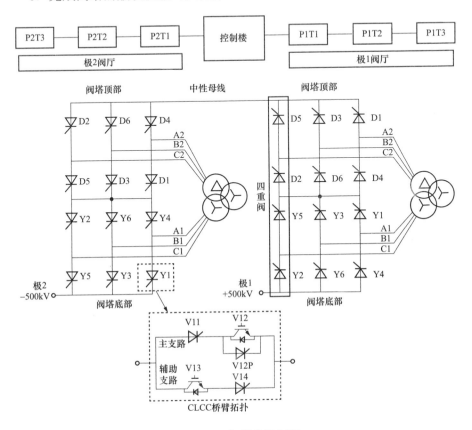

图 A.82 阀塔编号规则

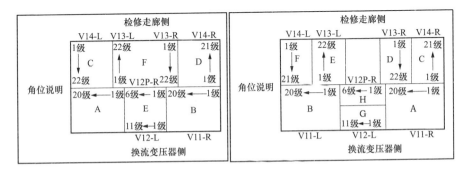

图 A.83 阀塔相角示意图

6 路光纤分别覆盖的模块示意图见图 A.85。

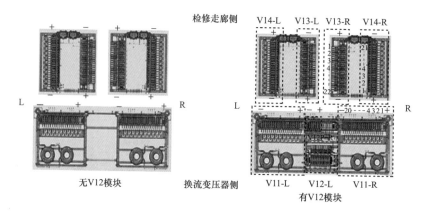

图 A.84　模块方位，模块内部编号由高到低电位进行编号

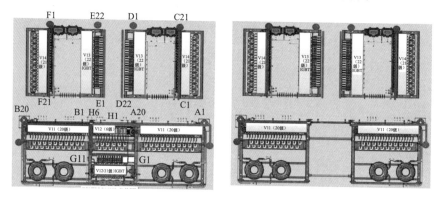

图 A.85　6 路光纤分别覆盖的模块示意图

f. 光纤整理以半个阀塔为单位，一次整理 2 个角。由阀塔底部光纤槽开始，沿阀塔光纤槽逐层向顶部光纤槽整理，光纤槽内部用维可牢及扎带绑扎牢固。

g. 阀塔光纤槽每层都有一个出口，用于引出光纤至子模块。出口处用螺旋保护套将光纤缠绕起来。模块光纤依次插到子模块上，模块备用光纤盘好放置在模块端梁的备用光纤拖盘上，所有不成缆光纤用扎带扎好，光纤端头固定在备用光纤拖盘的光纤适配器上。

h. 完成光纤整理工作后需对所有光纤进行复测工作，确保光纤敷设过程中没有损坏。

i. 待所有光纤敷设完成并测试合格后，将所有的光纤槽盖安装在光纤槽上。

注意：敷设前需结合光纤编号表仔细核对光纤编号，防止敷错位置；光纤敷设时，由升降车施工人员控制敷设速度，光纤传递过程中切记不可拖拽，同时避免挤压；光纤整理时根据厂家要求，满足其最小转弯半径。注意区分触发光纤与回报光纤，避免插反；使用扎带绑扎时必须人工操作，不可绑扎过紧；备用光纤需插入光纤托架中，防止放电。

A.5.2.15　阀塔等电位线连接

（1）塔顶金属水管等电位线，L=500、L=360，两端 M8 冷压端子，见图 A.86（a）。

（2）V12 屏蔽罩与铝梁等电位线，L=400，两端 M12 冷压端子，见图 A.86（b）。

（3）层间避雷器屏蔽罩到管母，L=820，两端 M12 冷压端子，见图 A.86（c）。

（4）底层模块铝梁到底屏蔽罩，L=1000，两端 M12 冷压端子，见图 A.86（d）。

（5）管母与底层屏蔽罩，L=1000，两端 M12 冷压端子，见图 A.86（e）。

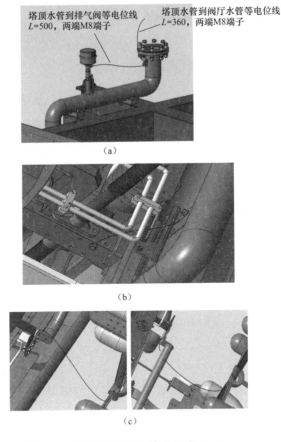

图 A.86　阀塔金属水管等电位线（一）

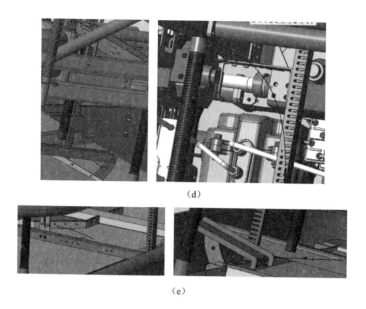

（d）

（e）

图 A.86　阀塔金属水管等电位线（二）

A.5.2.16　阀塔管母及金具安装

安装所有连接金具前，须按照《金具通用安装说明》对金具进行预处理。

首先用砂纸对导电接触面进行打磨，打磨完毕后，用无水乙醇将接触表面擦拭干净，然后用百洁布或者砂纸将接触面均匀打磨一遍，再次用无水乙醇清洁接触面，最后用毛刷将导电膏均匀地涂抹在接触面上，并按图纸要求进行金具安装。

金具布置位置参考图纸，单个金具安装工艺参考金具图纸。转接板的导电接触面需打磨处理。

根据阀塔安装完毕后实际距离确定直流管母的长度，直流管母的长度比实际需要的大，因此需借助砂轮切割机进行切割，切割完毕后，用手锉和砂纸对切割面进行打磨，清除毛刺和尖角。直流管母与软连接金具连接面需用砂纸适度打磨。

A.5.2.17　阀塔清理

阀塔安装完成后，根据现场情况，确定是否需要遮盖。

去掉屏蔽罩的覆盖物，清洁阀塔。

如屏蔽罩或均压罩表面有油污，应使用百洁布或者无毛纸蘸取酒精擦拭干净。

安装完毕后应进行检验，结构安装验收，重点内容包括各部位的等电位线、母排螺栓的紧固力矩和接触电阻等。有关光纤测试及水压试验等，参见相关内容。

阀塔的所有水路连接好后，进行阀塔水压试验，检验水冷系统的安装阀质量。阀塔水压试验请参见投标文件《IGBT 换流阀内外冷却系统》9.4IGBT 换流阀和阀冷系统联合试验。

全部安装工作完成后，拆除所有的吊装工装等，清理现场。

A.5.2.18　换流阀调试

在阀塔安装完毕后，进行换流阀的调试阶段，包括单级测试、冷却系统联调等。

A.6　质量控制措施

（1）设备开箱在阀厅入口处设置封闭的场地进行拆箱，以避免盐雾、灰尘及风沙等直接进入阀厅。开箱时需注意保护设备，不能因为误操作或者不当拆卸而造成设备损坏。拆箱后设备直接进入阀厅。

（2）任何物品进入阀厅时，如表面有明显灰尘，应先在阀厅外面使用压缩空气吹净。

（3）将阀塔底座焊接在阀厅底部钢板上，要求阀塔底座下法兰外圈满焊，焊缝高度 8～10mm，焊接前可利用阀塔底座垫片对阀塔底座进行调平。焊接后的安装基座应满足高度误差 ±1mm，平面度误差 ±0.5mm 的公差要求，焊接后相邻过渡底座高度差不大于 2mm，同塔内所有过渡底座上表面高度差不大于 3mm。

（4）阀塔底部支柱绝缘子安装完成之后需进行验收试验，试验合格方可进行阀塔主体结构安装。

（5）每层阀模块安装完成之后，应使用水平尺检查同一及相邻阀模块内端梁水平度，保证同层阀模块端梁水平度相差不大于 1mm。

（6）层间绝缘子安装过程中将分组后的层间绝缘子安装到阀模块端梁上，穿入螺栓，手动拧紧。同一层尽量使用同一公差的绝缘子。在该层全部层间绝缘子全部就位后，用水平尺检查各相邻层间绝缘子的高度差，通过加入层间填隙垫片的办法，使同层 20 个绝缘子的高度差不能超过 2mm。

（7）安装顶层层间支柱绝缘子时注意层间支柱绝缘子下法兰固定螺栓

M16×70 带紧不加力矩，待顶屏蔽安装完毕后再统一打力矩，第一次紧固力矩 70Nm，最终力矩为 150Nm。

（8）层间水管与阀塔主水管对接，安装层间主水管时，上紧螺栓前应确保密封垫片与法兰盘完全对中，螺栓必须对角分三次上紧到规定力矩 75Nm。

（9）所有阀塔母排及塔顶管母均为铝合金 6063-T6 材质，安装之前应使用钢刷对连接面进行表面打磨，打磨完毕后，用无水乙醇将导电接触面擦拭干净，然后用百洁布或砂纸对接触面再均匀打磨一遍，再次用无水乙醇清洁接触面，最后用毛刷将导电膏均匀地涂抹在接触面上，并按照图纸要求进行母排安装。

（10）安装层间主水管时，上紧螺栓前应确保密封垫片与法兰盘完全对中，螺栓必须对角分三次上紧到规定力矩 75Nm。

（11）层间光纤槽组装，光纤槽支架组装完成之后，进行层间光纤槽的吊装，安装时，各连接部位可暂不紧固，待全部安装、调整完毕后再紧固，M8 螺栓紧固力矩 15Nm。

（12）预组装底部光纤槽支架。首先对绝缘螺杆及光纤槽支架绝缘子进行预组装。需要注意绝缘螺杆有长短两种型号，分别按照图示方式进行组装，绝缘螺杆的一端分别预装一个绝缘螺母。光纤槽支架绝缘子也有长短两种，同时注意预组装方式，定义伞裙朝向下方，则阀支架连接螺母安装在绝缘子上端，绝缘螺母 M24 和光纤槽角件二安装在绝缘子下端，光纤槽角件拐角朝向伞裙方向。

（13）在敷设光纤时，将对应光纤沿阀塔底部 S 形光纤槽往上敷设，第一层模块的光纤从第一层直段光纤槽的出口伸出后，沿阀模块光纤槽进行敷设。

A.7　施工及改造方案

（1）站用电改造方案。

（2）钢结构加固专项施工方案。

（3）极ⅠA相换流变拆除及安装专项施工方案。

（4）穿墙套管更换专项施工方案。

（5）阀冷系统施工方案。